不一样的WPS
职场办公第一课

WPS学堂 / 著

电子工业出版社
Publishing House of Electronics Industry
北京·BEIJING

内 容 简 介

本书系统性地介绍了WPS Office的各种功能与技巧。内容包括第1篇快速入门、第2篇实用技巧、第3篇云办公。第1篇主要介绍了在真实办公环境下最基础的功能与技巧。通过对本篇的学习，你可以掌握文档编辑、数据录入、数据处理、幻灯片制作和放映的基础技巧，帮助你快速掌握WPS Office的主要功能。第2篇主要介绍了在真实办公环境下能够高效解决问题的实用技巧。通过对本篇的学习，你可以掌握文档排版、文档打印、图表制作、表格打印、演示文稿演示及批量操作技巧，提升办公效率。第3篇主要介绍了WPS Office云服务、移动版的亮点功能。通过对本篇的学习，你可以掌握文档同步、文档管理、在线协作、移动办公等实用技巧，体验现代化的一站式办公。

本书适合职场办公人士、高校学生阅读，同时也适合作为职业院校的教学参考用书。

未经许可，不得以任何方式复制或抄袭本书之部分或全部内容。
版权所有，侵权必究。

图书在版编目（CIP）数据

不一样的WPS：职场办公第一课 / WPS学堂著. —北京：电子工业出版社，2022.7
ISBN 978-7-121-43459-4

Ⅰ. ①不… Ⅱ. ①W… Ⅲ. ①办公自动化－应用软件 Ⅳ. ①TP317.1

中国版本图书馆CIP数据核字（2022）第080669号

责任编辑：官　杨
印　　刷：天津千鹤文化传播有限公司
装　　订：天津千鹤文化传播有限公司
出版发行：电子工业出版社
　　　　　北京市海淀区万寿路173信箱　邮编：100036
开　　本：787×980　1/16　印张：13　字数：312千字
版　　次：2022年7月第1版
印　　次：2022年7月第1次印刷
定　　价：79.90元

凡所购买电子工业出版社图书有缺损问题，请向购买书店调换。若书店售缺，请与本社发行部联系，联系及邮购电话：(010) 88254888，88258888。
质量投诉请发邮件至zlts@phei.com.cn，盗版侵权举报请发邮件至dbqq@phei.com.cn。
本书咨询联系方式：(010) 51260888-819，faq@phei.com.cn。

前 言

WPS Office 是大家日常学习和工作中经常使用的办公软件，为了让大家掌握更多实用的办公技巧，WPS Office 在 2019 年便上线了官方技巧学习平台"WPS 学堂"，并且通过网站、微信公众号以视频和图文结合的方式讲述应用案例、模拟真实的办公环境，持续介绍 WPS Office 的各种功能与技巧，以帮助大家系统性地掌握。

本书便是将"WPS 学堂"中的内容精选而成的，将已经被多数人认可的技巧整理出来分享给大家。

本书内容导读[1]

第 1 篇（第 1 章~第 5 章）为快速入门篇。主要介绍了在真实办公环境下最基础的功能与技巧。通过对本篇的学习，你可以掌握文档编辑、数据录入、数据处理、幻灯片制作和放映的基础技巧，快速掌握 WPS Office 的主要功能。

第 2 篇（第 6 章~第 10 章）为实用技巧篇。主要介绍了在真实办公环境下能够高效解决问题的实用技巧。通过对本篇的学习，你可以掌握文档排版、文档打印、图表制作、表格打印、演示文稿演示及批量操作技巧，提升办公效率。

第 3 篇（第 13 章~第 17 章）为云办公篇。主要介绍了 WPS Office 云服务、移动版的亮点功能。通过对本篇的学习，你可以掌握文档同步、文档管理、在线协作、移动办公等实用技巧，体验现代化的一站式办公。

本书配套的视频

本书提及的内容，若有与之配套的视频教程，则会在相关内容的标题旁注释获取方式。配套视频获取方式：

微信扫码，关注公众号

微信扫描二维码关注公众号，回复小提示提及的数字即可获取。比如回复【0001】即可获取对

---

[1] 本书配套教程演示的 WPS 版本为 2021 年~2022 年 WPS 官网提供的 WPS Office 个人版（Windows 版）、WPS 移动版。

应的视频教程。

若在电脑浏览器中打开教程，那么你还可以在视频下方单击下载【练习文档】，边学习边操作，更利于学习、掌握。

创作分享及致谢

本书由 WPS 学堂团队出品，如果阅读后能让你更加熟悉 WPS Office 的功能、掌握更多高效技巧，那么就是让我们最欣慰的结果。

在本书编写过程中，为了给读者更好的阅读体验，我们重新对内容进行了修改，对配图进行了重新设计，但难免有疏漏和不妥之处，敬请读者不吝指正。若你在阅读过程中有任何疑问或建议，可以在微博、小红书、B 站、微信公众号、抖音、今日头条中搜索"WPS 学堂"，并可以给我们发私信联系。

本书由陈启铭修订、统稿。参与编写的人员有陈彩虹、钟晓婷、李彦蓉、沈邹慧、周林琳、莫子曦。审核校对顾问：罗丽虹、卢慧。项目支持人员：小蓝天、黄俊杰、安轲。同时也感谢电子工业出版社的官杨老师，是她促成了本书的出版发行。感谢以上人员的辛勤付出。

最后，盼望每一位读者能够通过本书更懂 WPS，并且知道免费的 WPS 技巧学习平台"WPS 学堂"的存在，愿我们能帮助你更高效地工作。

目 录

第1篇　快速入门

第1章　快速编辑文档 2
1. 快速设置字符间距 2
2. 快速对齐段落 3
3. 快速调整行间距 4
4. 快速调整段落顺序 5
5. 快速定位到编辑位置 5
6. 快速划选纵向选区 7
7. 快速输入分隔线 8
8. 快捷设置一键分页 8

第2章　快速录入数据 10
1. 批量输入相同内容 10
2. 批量输入不同内容 11
3. 批量填充内容 12

4. 设置下拉列表 12
5. 数字分段显示 13
6. 输入分数 14
7. 输入当前日期、当前时间 15
8. 拒绝重复输入 16
9. 标记重复项 18

第 3 章　快速处理数据 20

1. 快速查找与替换数据 20
2. 快速定位数据 22
3. 快速筛选分类数据 27
4. 快速求和 29
5. 自动分类汇总 31
6. 超快捷的数据核对法 33
7. 工作中常用的函数 35

第 4 章　快速制作演示文稿 42

1. 快速设置幻灯片母版 42
2. 快速设置幻灯片页面尺寸 45
3. 格式、字体统一技巧 47
4. 段落设置技巧 48
5. 快速为幻灯片内容配图 50

第 5 章　快速设置演示文稿放映 52

1. 如何设置放映模式 52
2. 演示文稿的演讲倒计时模式 53
3. 会议中演示文稿的打开方式 55
4. 放映演示文稿时如何用画笔对内容进行标记 57

第 2 篇　实用技巧

第 6 章　实用文档排版技巧 60
1. 快速删除多余空白页 60
2. 去除自动添加的超链接 64
3. 取消自动添加的编号 65
4. 禁止首行出现标点符号 66
5. 一次性修改排版格式 67

第 7 章　实用文档打印技巧 69
1. 如何设置彩色打印 69
2. 如何设置装订线 71
3. 如何设置页边距 72
4. 如何不打印文档中的表格 73
5. 如何将多页文档打印到一张纸上 75
6. 如何只打印文档的部分内容 75
7. 如何逆序打印文档 77
8. 手动双面打印文档，打印奇数页和偶数页 77

第 8 章　高级图表制作技巧 79
1. 如何用盈亏图进行差异分析 79
2. 旋风图图表让数据对比更清晰 82
3. 如何设置图表目标参考线 84
4. 设置不同颜色来展现数据是否达标 87

第 9 章　实用表格制作技巧 90
1. 内容布局调整 90
2. 一键调整行高、列宽 93
3. 智能套用表格样式设计 95
4. 冻结窗格，看数据必备功能 97

5. 斜线表头展示项目名称 99
   6. 快速分列数据秒整理 100
   7. 横排转竖排，数据更清晰 103
   8. 如何批量删除表格空白行 104

第 10 章　实用表格打印技巧 107
   1. 如何为多页打印的表格加上标题和页码 107
   2. 如何将多页表格打印到一页中 109
   3. 如何将打印的表格充满整张纸 110
   4. 如何打印表格的行号、列标 111
   5. 如何解决打印表格显示内容不完整的问题 113
   6. 如何打印表格中的指定页 116
   7. 如何将表格居中打印 116
   8. 打印表格时如何在页眉添加 Logo 118
   9. 如何解决表格中字号显示过小问题 119

第 11 章　高级演示文稿的演示技巧 121
   1. 如何快速整理演示文稿的汇报框架 121
   2. 文字和配色 123
   3. 素材处理 124
   4. 文字排版 131
   5. 平滑切换 135

第 12 章　实用技巧汇总 136
   1. "批量处理"功能详解 136
   2. Shift 键的功能详解 138
   3. Ctrl+E 组合键功能详解 140
   4. 鼠标的 8 大高效操作 146
   5. 3 个特别的复制、粘贴技巧 151

第 3 篇　云办公

第 13 章　初识 WPS 云服务 156
1. 如何拥有 WPS 云空间 156
2. 如何将本地文件上传到云空间 157
3. 如何查找云空间文档的保存位置 159
4. 标记重要文档和常用文档 160

第 14 章　云备份与云同步 162
1. 文档云同步 162
2. 历史版本 163
3. 回收站 164
4. 桌面云同步 165
5. 同步文件夹 166
6. WPS 网盘 168

第 15 章　云共享与云协作 169
1. 如何将云文档分享给好友、同事 169
2. 分享后的云文档被编辑，该如何同步更新 170
3. 查看分享的云文档 172
4. 多人实时在线编辑 173
5. WPS 共享文件夹 174

第 16 章　更多云应用服务 178
1. 文件收集 178
2. 桌面整理 181
3. 私密文件夹 184

第 17 章　移动办公 186
1. 基础办公 186

2. 桌面小组件 187
3. 拍照扫描 189
4. 超级 PPT 190
5. PDF 标注、转换 191
6. 文档投影 193
7. 语音转文字 194
8. 微信文件备份 194
9. 输出为图片 195

第 1 篇
快速入门

本篇选取了工作中必备的办公软件基础知识点,帮助你快速入门,提高工作效率。

- 第 1 章　快速编辑文档
- 第 2 章　快速录入数据
- 第 3 章　快速处理数据
- 第 4 章　快速制作演示文稿
- 第 5 章　快速设置演示文稿放映

第 1 章
快速编辑文档

1. 快速设置字符间距

在编辑文档标题时，经常需要调整字符间距以达到理想的效果，多数人一般通过添加空格进行调整，但这种方法调整出来的间距并不理想，容易过大或过小。此时，其实能通过"调整字符间距"快速完成设置。

快捷操作：选中目标文本，按 Ctrl+D 组合键打开"字体"对话框，切换至"字符间距"选项卡，设置字符间距的缩放、间距、位置等参数，如图 1-1-1 所示。

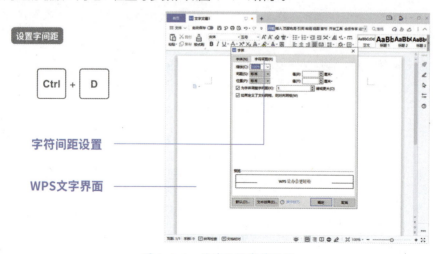

图 1-1-1　快速设置字符间距

2. 快速对齐段落

为了使版面美观和满足排版要求，通常需要设置段落对齐，你会怎么操作呢？

低效操作：选择需要设置的文本，然后单击"开始"选项卡中的相应的对齐按钮，或打开"段落"对话框进行设置。

高效操作：选中目标文本，直接利用快捷操作完成快速对齐段落，如图 1-2-1 所示。

- 左对齐：按 Ctrl+L 组合键
- 右对齐：按 Ctrl+R 组合键
- 居中对齐：按 Ctrl+E 组合键

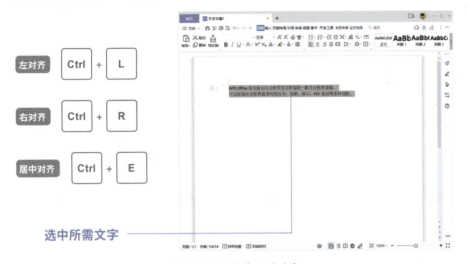

图 1-2-1　快速设置对齐

分散对齐和两端对齐的快捷操作，如图 1-2-2 所示。

- 分散对齐：按 Ctrl+Shift+J 组合键
- 两端对齐：按 Ctrl+J 组合键

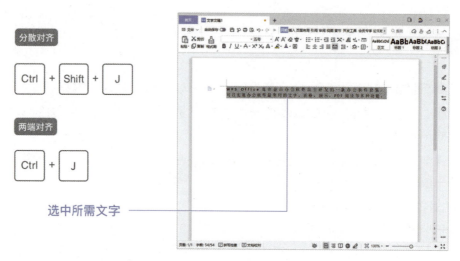

图 1-2-2　快速设置分散对齐和两端对齐

3. 快速调整行间距

当需要调整文档行距时,有的人是先选中目标文本,然后单击"开始"选项卡中的"行距"按钮,再在弹出的菜单中选择对应的行距值,操作步骤稍显烦琐。那么如何快速调整行间距呢?

快捷操作,如图 1-3-1 所示。

- 选中目标文本,按 Ctrl+1 组合键设置当前段落行距为 1 倍。
- 选中目标文本,按 Ctrl+2 组合键设置当前段落行距为 2 倍。

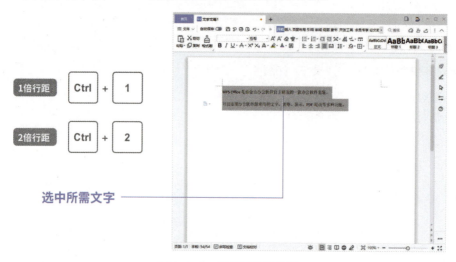

图 1-3-1　快速调整行间距

4. 快速调整段落顺序

在编辑文档时，有时候会需要对文档某一段落的顺序进行上下调整。一般情况下，我们会用鼠标指针拖动框选，然后进行剪切、粘贴，过程稍显烦琐。那么如何在 WPS 中快速调整段落顺序呢？其实可以通过按 Shift+Alt+↑↓（上方向键、下方向键）组合键来快速调整。

快捷操作：选择需要调整的段落，按 Shift+Alt+↑↓（上方向键、下方向键）组合键即可进行调整，如图 1-4-1 所示。

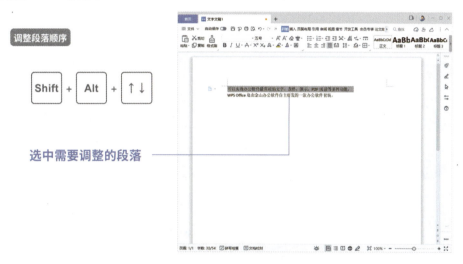

图 1-4-1　快速调整段落顺序

5. 快速定位到编辑位置

在编辑文档时，有时候会因为特殊情况中断编辑工作。但在下次打开这份文档时，却总是忘记上一次编辑位置。虽然说翻一翻几页的文档还是能找到的，可一旦遇到几十页甚至几百页的长文档时就会十分不便。

在这种情况下，其实使用快捷键就能快速定位到上一次编辑位置。

快捷操作：按 Shift+F5 组合键快速定位到上一次编辑位置，如图 1-5-1 所示。

图 1-5-1　快速定位到上一次编辑位置

快捷操作：按 Ctrl+End 组合键快速定位到文档结尾，如图 1-5-2 所示。

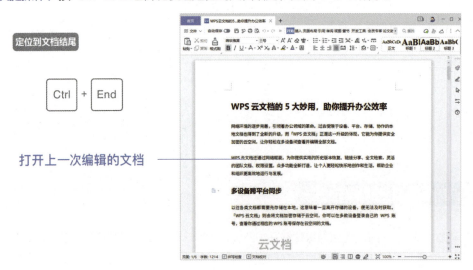

图 1-5-2　快速定位到文档结尾

快捷操作：按 Ctrl+Home 组合键快速定位到文档开头，如图 1-5-3 所示。

图 1-5-3　快速定位到文档开头

6. 快速划选纵向选区

在处理文字文档时，我们一般都是以"横向"的方向选择文本，那"纵向"的文本该如何选择呢？方法很简单，使用 Alt 键便能用鼠标直接框选纵向的文字。

快捷操作：按住 Alt 键，单击鼠标左键并纵向拖动鼠标，即可选择文档中的纵向文字区域，如图 1-6-1 所示。

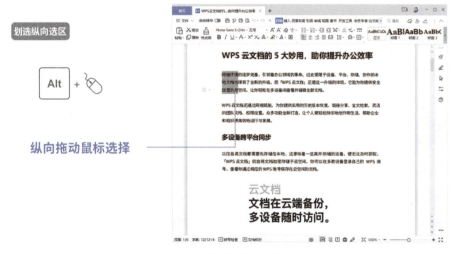

图 1-6-1　快速划选纵向选区

7. 快速输入分隔线

当需要在文档中输入一整条线做页面的分隔线时，只要输入特定的符号键 3 次，然后按下 Enter 键（回车键）即可成功输入。

不同类型的分隔线快捷输入方法如下。

- 粗线分隔线快捷操作：输入 3 个###，然后按 Enter 键，如图 1-7-1 所示。
- 波浪分隔线快捷操作：输入 3 个~~~，然后按 Enter 键。
- 直线分隔线快捷操作：输入 3 个---，然后按 Enter 键。
- 虚线分隔线快捷操作：输入 3 个＊＊＊，然后按 Enter 键。
- 双直线分隔线快捷操作：输入 3 个===，然后按 Enter 键。

图 1-7-1　快速输入分隔线

8. 快捷设置一键分页

当需要新建空白页时，按 Enter 键是很多用户惯用的方法，但事实上这样的方法稍显烦琐，其实可以通过以下方法快速完成。

快捷操作：单击需要分页的位置，按 Ctrl+Enter 组合键即可快速分页，如图 1-8-1 所示 。

图 1-8-1　快速一键分页

第 2 章
快速录入数据

1. 批量输入相同内容

如果需要在多个单元格（可以不连续）中输入相同内容，那么可以通过 Ctrl+Enter 组合键实现批量录入。

举例

选中要输入数据的单元格区域，输入内容并按 Ctrl+Enter 组合键后，选中的单元格区域便会批量输入相同内容，如图 2-1-1 所示。

图 2-1-1 批量输入相同内容

2. 批量输入不同内容

如果需要批量输入不同内容，那么该如何快速输入呢？方法是，使用 Ctrl+G 组合键快速定位到空值后，再使用 Ctrl+Enter 组合键批量输入不同内容。

举例

选中单元格，按 Ctrl+G 组合键，在弹出的"定位"对话框中勾选"空值"单选按钮（定位空单元格），如图 2-2-1 所示。

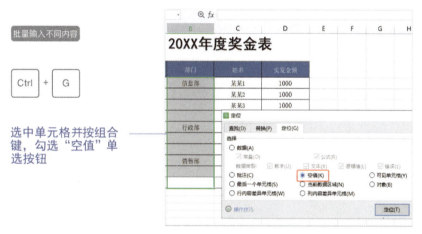

图 2-2-1　定位空单元格

在 B4 单元格中输入"=B3"，其含义是定位到的每一个单元格的值都等于其上方单元格的值。按 Ctrl+Enter 组合键后，即可在选中的空白单元格中自动输入上方单元格中的内容，如图 2-2-2 所示。

图 2-2-2　批量输入不同内容

3. 批量填充内容

按 Ctrl+D 组合键可以把上面单元格中的内容批量填充到选中的单元格中。具体方法是，填写上方单元格的内容后，选中下方的空白单元格，再按 Ctrl+D 组合键即可。此外，使用 Ctrl+R 组合键可以把左方单元格中的内容批量填充到选中的单元格中。

> **举例**

与使用 Ctrl+Enter 组合键批量输入的方法不同的是，使用 Ctrl+D 组合键批量填充时，需要分别选中要填充内容的区域，如图 2-3-1 所示。

图 2-3-1　批量填充内容

4. 设置下拉列表

为确保单元格中的内容规范、准确，可以使用"下拉列表"功能。设置下拉列表的好处：一是不用敲键盘，操作鼠标选择选项就可以填写；二是数据规范，提升工作效率，如输入错误，会出现错误提示，如图 2-4-1 所示。

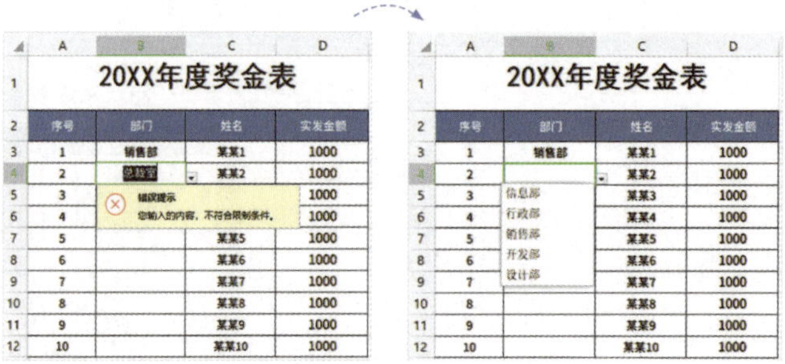

图 2-4-1　设置下拉列表

> 举例

选中 B 列，单击"数据"选项卡的"下拉列表"按钮。打开"插入下拉列表"对话框，勾选"手动添加下拉选项"单选按钮或选择已有的序列进行填充，如图 2-4-2 所示。

图 2-4-2 设置下拉列表

5. 数字分段显示

在制作电子表格时，会遇到填写手机号码的情况。大多数人是直接输入手机号码的，这样不仅看上去密密麻麻、不美观，还容易混淆，其实可以使用"单元格格式"中的自定义格式功能。

> 举例

选中单元格区域，按 Ctrl+1 组合键，在弹出的"单元格格式"对话框中单击"自定义"命令，在"类型"中输入"000-0000-0000"即可。其他的数字类型的内容，都可以用 000-000 的数字格式进行分段，0 代表数字占位，几个 0 就代表几位数字，- 是分隔符号，也可以用空格或其他符号代替，如图 2-5-1 所示。

设置后的效果，如图 2-5-2 所示。

图 2-5-1　数字分段显示

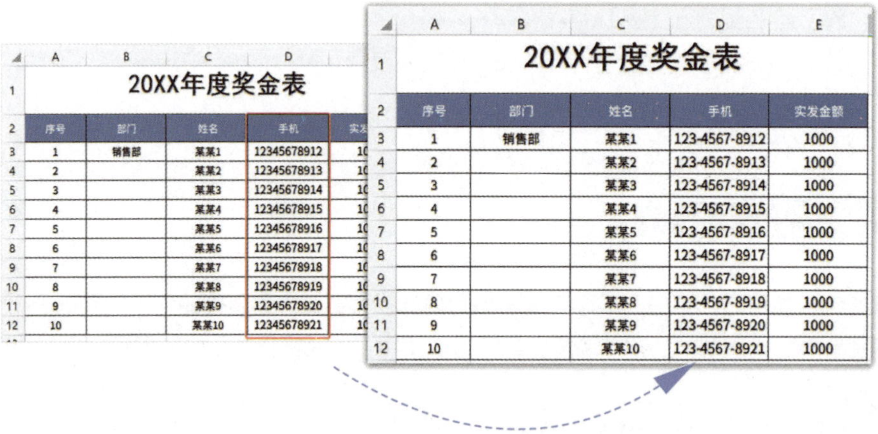

图 2-5-2　设置数字分段后的效果

6. 输入分数

如何在表格中快速、正确地输入分数？方法是，先输入"0+空格"，再输入具体分数。

举例

在表格里如果直接输入分数 2/3，就会发现"2/3"变成了"2 月 3 日"。这是因为表格默认 m/d 的形式为日期，而非分数，如图 2-6-1 所示。

图 2-6-1 默认为日期形式

要想正确输入分数,须按"0+空格+分数"的形式进行输入,比如在单元格中输入"0 2/3"即可正常显示分数,如图 2-6-2 所示。

图 2-6-2 分数输入方式

7. 输入当前日期、当前时间

快速输入当前日期、当前时间功能在填表时的使用频率很高,如果每次都手动一个一个地输入,则会很烦琐,并且容易出错。我们可以使用 WPS 表格自带的快捷功能快速输入。

举例

使用 Ctrl+;组合键快速输入当前日期,如图 2-7-1 所示。

图 2-7-1 快速输入当前日期

使用 Ctrl+Shift+; 组合键快速输入当前时间，如图 2-7-2 所示。

图 2-7-2　快速输入当前时间

8. 拒绝重复输入

当在电子表格中输入工号、产品编码等特殊内容时，有一些信息是不可重复的。因此，我们在输入数据时就要鉴别是否重复，可以使用 WPS 中的"拒绝录入重复项"功能进行规范和检查。

举例

选中单元格区域，单击"数据"选项卡的"重复项"按钮，在弹出的菜单中选择"拒绝录入重复项"命令，然后在弹出的"拒绝重复输入"对话框中选择区域并单击"确定"按钮，如图 2-8-1 所示。

图 2-8-1　设置拒绝重复输入

设置好后，在该列中输入重复内容时会弹出"拒绝重复输入"的警告，如图 2-8-2 所示，但可以按 Enter 键确认输入。

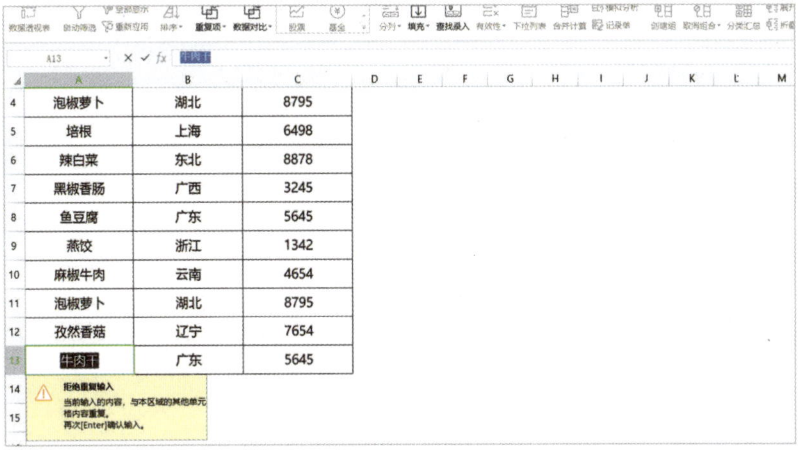

图 2-8-2　拒绝重复输入的警告

若需设置成禁止输入重复项，则需要在选中整列后，单击"数据"选项卡的"有效性"按钮，然后在弹出的"数据有效性"对话框中，选择出错警告样式为"停止"，如图 2-8-3 所示。此时再按 Enter 键也无法在该列中输入任何重复项。

图 2-8-3　设置数据有效性

如果需要清除该设置，则单击"数据"选项卡的"重复项"按钮，在弹出的菜单中选择"清除拒绝录入限制"命令，如图 2-8-4 所示。

图 2-8-4　清除拒绝录入限制

9. 标记重复项

假设已经输入完数据,需要检查表格中的整行数据是否有重复项,那么可以使用 WPS 中的"数据对比"功能快速完成对重复项的识别。

举例

选中单元格区域,单击"数据"选项卡的"数据对比"按钮,在弹出的菜单中选择"标记重复数据"命令。在弹出的"标记重复数据"对话框中选择列表区域、设置对比方式,以及标记颜色,完成设置后单击"确认标记"按钮,如图 2-9-1 所示。

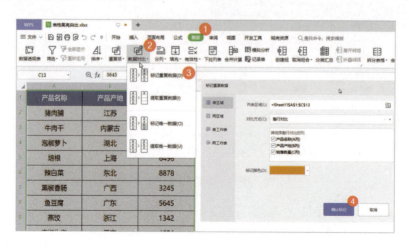

图 2-9-1　标记重复数据

操作完成后，在选中区域的单元格中如有重复项，就会以高亮形式标记出来，如图 2-9-2 所示。

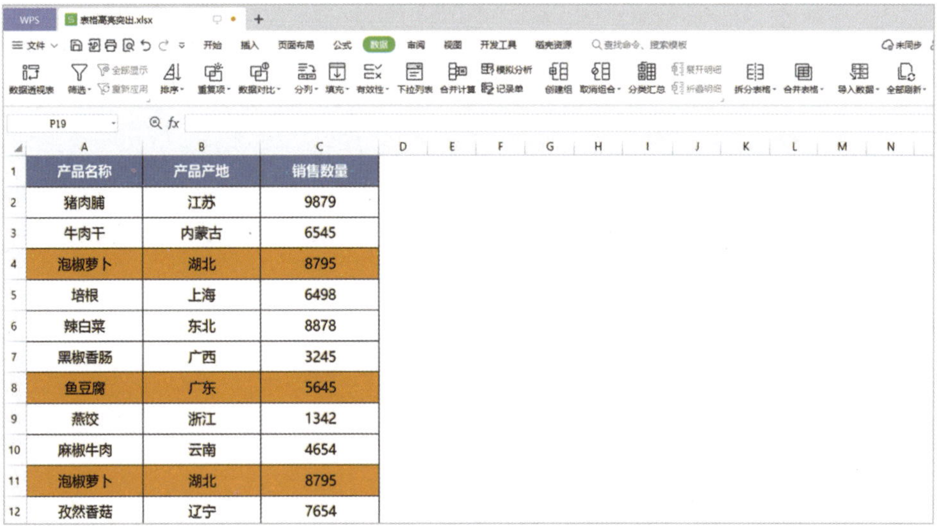

产品名称	产品产地	销售数量
猪肉脯	江苏	9879
牛肉干	内蒙古	6545
泡椒萝卜	湖北	8795
培根	上海	6498
辣白菜	东北	8878
黑椒香肠	广西	3245
鱼豆腐	广东	5645
燕饺	浙江	1342
麻椒牛肉	云南	4654
泡椒萝卜	湖北	8795
孜然香菇	辽宁	7654

图 2-9-2　以高亮形式标记重复项

第 3 章
快速处理数据

1. 快速查找与替换数据[1]

在使用表格时想要找出一些相同条件下的数据，或要修改错误数据，使用"查找"和"替换"功能会十分高效。

查找功能的使用方法

首先，选中要查询的单元格区域，使用 Ctrl+F 组合键打开"查找"对话框，如图 3-1-1 所示。

图 3-1-1　快速打开"查找"对话框

1　在微信公众号"WPS 学堂"中，回复数字"0001"可获取详细的视频教程。

然后，在"查找内容"输入框中输入需要查找的内容，例如"某某"。单击"查找全部"按钮就可以看到包含"某某"内容的所有单元格了，如图 3-1-2 所示。

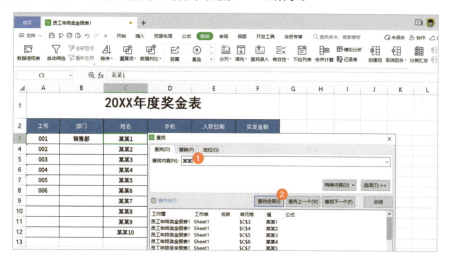

图 3-1-2　输入查找内容

替换功能的使用方法

首先，选中要查找并替换内容的单元格区域，单击"开始"选项卡的"查找"按钮，在弹出的菜单中选择"替换"命令。也可以使用 Ctrl+H 组合键打开"替换"对话框，将表格中姓名列的"张三"替换为"李四"，如图 3-1-3 所示。

图 3-1-3　快速打开"替换"对话框

然后，在"查找内容"输入框中输入需要修改的内容如"张三"，在"替换为"输入框中输入修改后的内容如"李四"，如图 3-1-4 所示。

最后，单击"全部替换"按钮即可一键完成批量替换，并且还会提示完成了几处替换，如图 3-1-5 所示。（注意：示例中填充的黄色背景为演示效果，实际上按上述步骤进行替换后，不会自动填充背景颜色。）

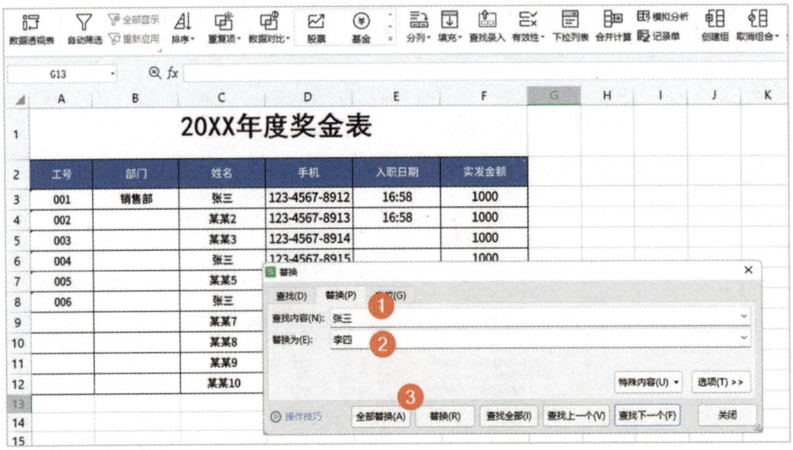

图 3-1-4　设置替换内容

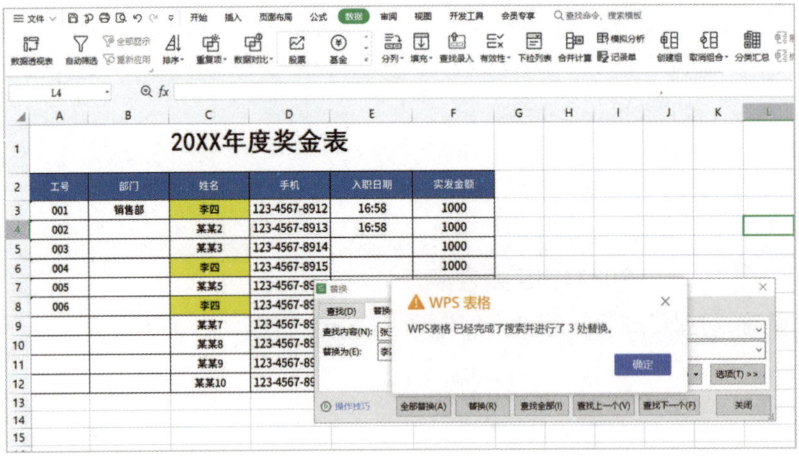

图 3-1-5　快速查找替换

2. 快速定位数据[1]

在内容繁多的表格中定位数据，有 3 种方法能让你高效、快速定位所需的数据。

---

[1] 在微信公众号"WPS 学堂"中，回复数字"0002"可获取详细的视频教程。

方法 1

使用 Ctrl+Home 组合键可快速定位到数据区域中的第一个单元格，如图 3-2-1 所示。

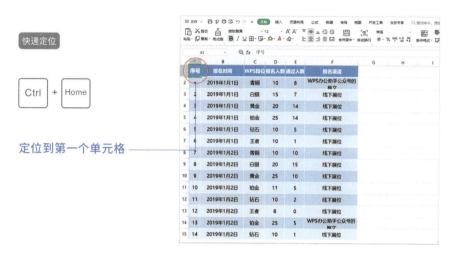

图 3-2-1　快速定位到第一个单元格

使用 Ctrl+End 组合键可快速定位到数据区域中的最后一个单元格，如图 3-2-2 所示。

图 3-2-2　快速定位到最后一个单元格

另外，使用 Ctrl+↑（上箭头）组合键、Ctrl+←（左箭头）组合键也可定位到数据区域中的第一个单元格。使用 Ctrl+↓（下箭头）组合键、Ctrl+→（右箭头）组合键也可定位到数据区域中的最后一个单元格。

方法 2

使用名称框也可快速完成定位，名称框位置如图 3-2-3 所示。

图 3-2-3　名称框位置

想要定位到某一单元格，在名称框输入单元格的列标+行号（单元格位置）如 B100，按 Enter 键即可完成定位，如图 3-2-4 所示。

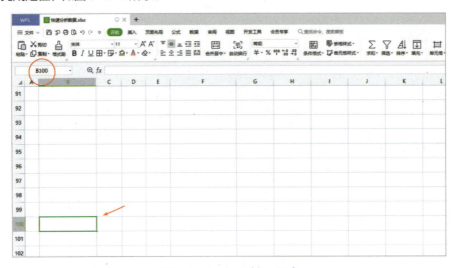

图 3-2-4　输入列标+行号

若要定位连续单元格区域，则输入单元格区域中第一个单元格和最后一个单元格的位置，并且中间以冒号连接如 A6:D7，按 Enter 键即可完成定位，如图 3-2-5 所示。

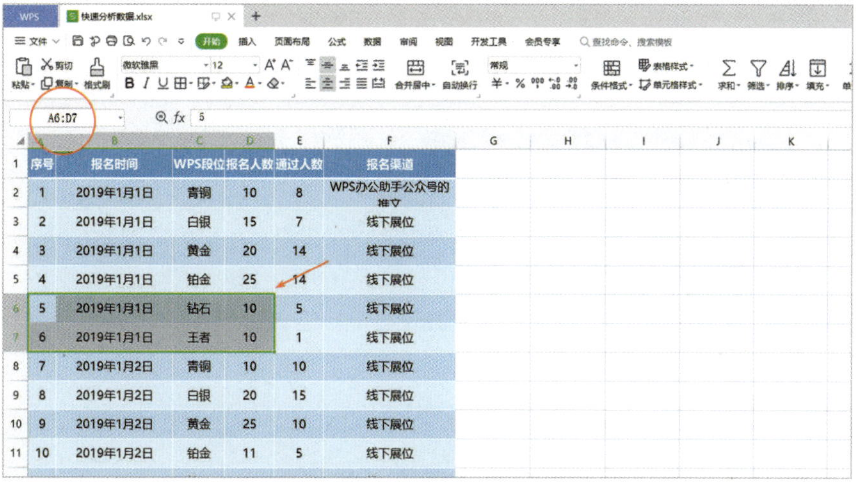

图 3-2-5 定位连续单元格

若要定位到多个不连续单元格,则可输入单元格位置并用逗号隔开,如"A6,A8,C6",按 Enter 键即可完成定位,如图 3-2-6 所示。

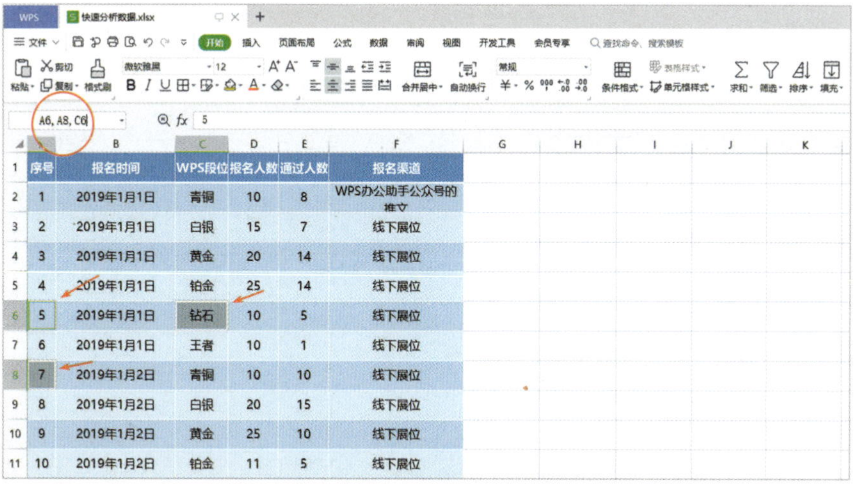

图 3-2-6 定位不连续单元格

方法 3

使用"定位"功能。在选中目标单元格区域后,单击"开始"选项卡的"查找"按钮,在弹出的菜单中选择"定位"命令,如图 3-2-7 所示。

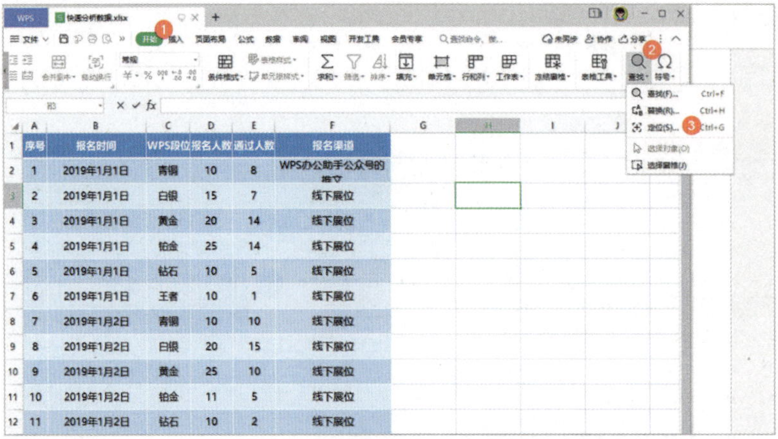

图 3-2-7 开启"定位"功能

另外，选中单元格区域后，使用 Ctrl+G 组合键也可以快速打开"定位"对话框，如图 3-2-8 所示。

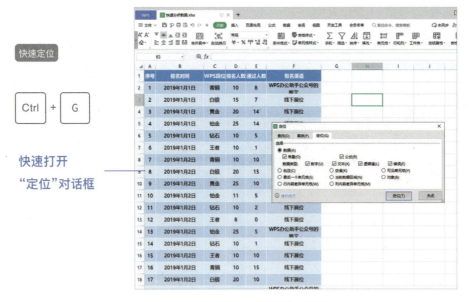

图 3-2-8 快速打开"定位"对话框

此时，可以根据条件定位指定的数据，如批注、空值、可见单元格、最后一个单元格、当前数据区域、对象、行内容差异单元格、列内容差异单元格，等等。在下面的示例中勾选"当前数据区域"单选按钮，单击"定位"按钮即可定位到当前数据区域，如图 3-2-9 所示。

图 3-2-9 定位当前数据

3. 快速筛选分类数据[1]

当电子表格中有较多的数据时，会对浏览和分析造成不便，这时就需要使用"筛选"功能实现快速分类数据。

> 举例

首先，选中"测试项目"单元格（B1 单元格），单击"开始"选项卡的"筛选"按钮，在弹出的菜单中选择"筛选"命令，如图 3-3-1 所示。或全选数据后使用 Ctrl+Shift+L 组合键进行设置。

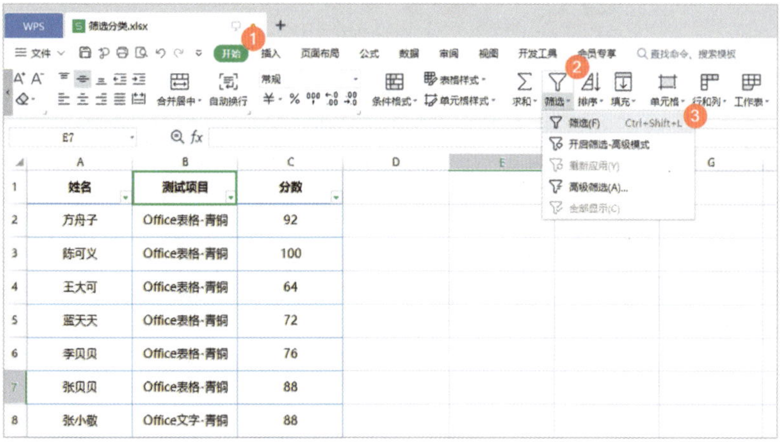

图 3-3-1 使用筛选功能

---

[1] 在微信公众号"WPS 学堂"中，回复数字"0003"可获取详细的视频。

然后，单击"测试项目"单元格右下角的灰色折叠符展开筛选详情，便可看到该列数据有 3 个不重复的数据项目，将鼠标指针悬停在"Office 文字-青铜"上，单击右侧的"仅筛选此项"命令，如图 3-3-2 所示。

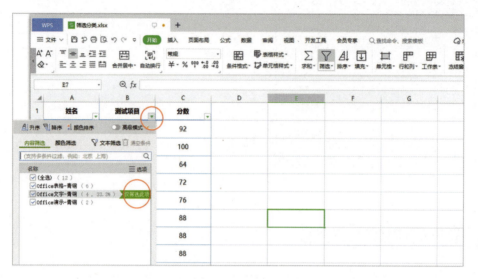

图 3-3-2　选择筛选项

在筛选中还可以对数字进行筛选。例如，要提取大于 90 分的测试数据，则可以选中"分数"单元格（C1），单击"数字筛选"按钮，在弹出的菜单中选择"大于"命令，弹出"自定义自动筛选方式"对话框，输入"90"，单击"确定"按钮，如图 3-3-3 所示。

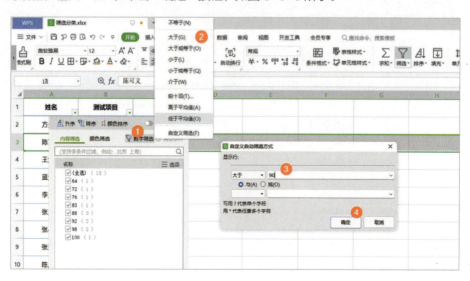

图 3-3-3　对数字进行筛选

如果表格中的内容已经用不同颜色进行了区分，那么还可以选择用"颜色筛选"功能。在展开筛选详情面板中，单击"颜色筛选"按钮并选择其中一个颜色即可，如图3-3-4所示。

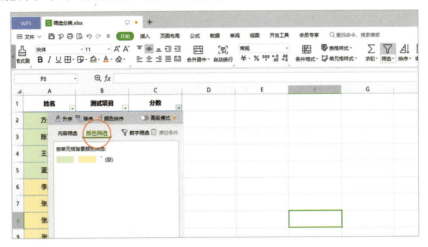

图3-3-4　对颜色进行筛选

4. 快速求和[1]

当电子表格中的数据多且需要计算时，可以通过"求和"功能快速完成计算。如图3-4-1所示，要计算表格中D列数据的和，首先选中D列数据下方的空白单元格，然后单击"开始"选项卡的"求和"按钮，此时表格便会自动选中此列数据，按Enter键即可完成求和。

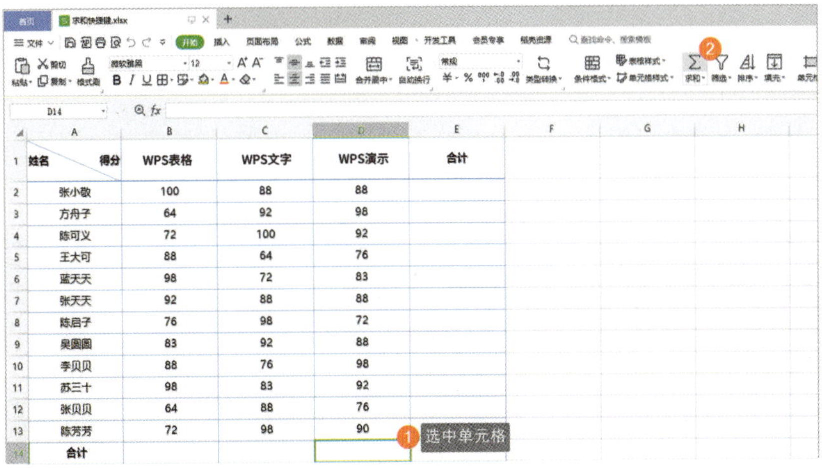

图3-4-1　快速求和

1　在微信公众号"WPS学堂"中，回复数字"0004"可获取详细的视频教程。

> **小知识**　使用 Alt+=组合键快速求和

选中需要求和的列数据下方的空白单元格，使用 Alt+=组合键即可完成列数据求和。Alt+=组合键也支持对行数据进行求和，选中已有数据行的下一列空白单元格，使用 Alt+=组合键即可完成行数据求和。

此外，还可以同时对行和列进行求和，框选所有需要求和的行和列（包括要放置求和结果的单元格），使用 Alt+=组合键完成求和，如图 3-4-2 所示。

图 3-4-2　快速求和

除求和外，表格还支持平均数、计数、最大值、最小值等多种计算类型。使用方法同样是选中单元格区域，然后单击"开始"选项卡的"求和"按钮，在弹出的菜单中选择计算类型，如图 3-4-3 所示。

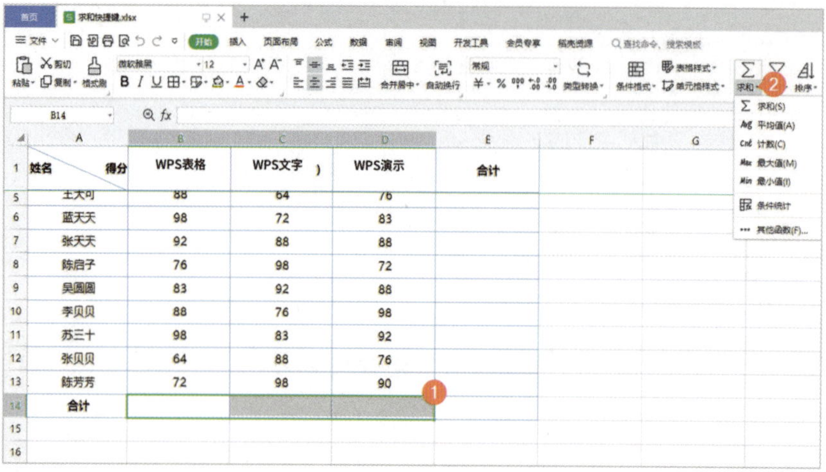

图 3-4-3　可选择多种计算类型

5. 自动分类汇总[1]

"分类汇总"是电子表格的一项重要功能,它能快速以某一个字段为分类项,对数据列表中其他字段的数值进行统计计算。

我们可以看到以下表格的测试项目分为"Office 文字-青铜""Office 表格-青铜""Office 演示-青铜"3 类。如何以测试项目为分类,快速进行各项目的汇总呢?

首先,选中测试项目列中有数据的单元格,对测试项目进行排序(这一步很重要,否则分类汇总可能会出错)。单击"开始"选项卡的"排序"按钮,在弹出的菜单中选择"升序"命令,如图 3-5-1 所示。

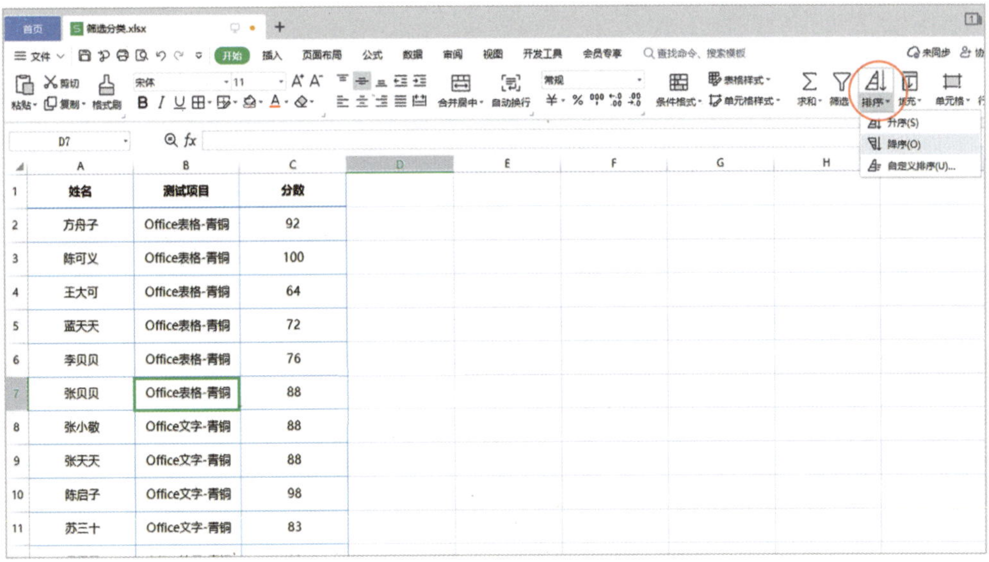

图 3-5-1 排序

然后,按下 Ctrl+A 组合键全选表格数据区域,单击"数据"选项卡的"分类汇总"按钮。因为要按测试项目进行分类,所以在"分类汇总"对话框中的分类字段选择"测试项目",汇总方式选择"求和"。此外,由于要对获得勋章的数目进行汇总计算,所以在"选定汇总项"中选择"获得勋章",其他保持默认设置,单击"确定"按钮,如图 3-5-2 所示。

操作完成后,表格自动分成三级汇总结果,如图 3-5-3 所示。第一级是勋章求和的总计,第二级是以项目类别分类的数据汇总,第三级是汇总的详情。

---

[1] 在微信公众号"WPS 学堂"中,回复数字"0005"可获取详细的视频教程。

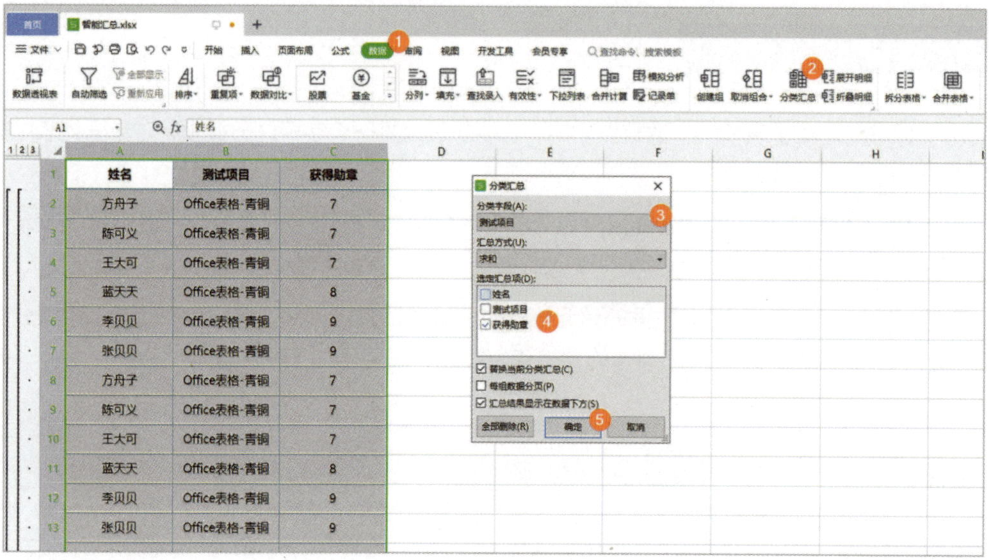

图 3-5-2 分类汇总

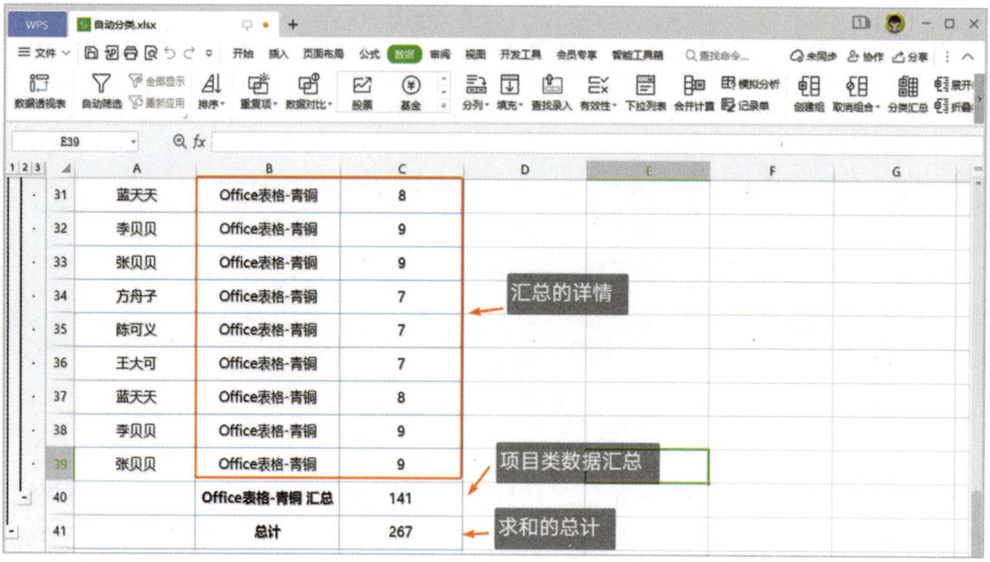

图 3-5-3 三级汇总结果

如果要删除分类汇总，则再次单击"数据"选项卡的"分类汇总"按钮，在"分类汇总"对话框中单击"全部删除"按钮即可，如图 3-5-4 所示。

第 3 章　快速处理数据　33

图 3-5-4　删除分类汇总

6. 超快捷的数据核对法[1]

如何快速核对同一表格中的两列数据是否相同呢？首先使用 Ctrl+A 组合键全选表格，再使用 Ctrl+G 组合键打开"定位"对话框，在对话框中勾选"行内容差异单元格"单选按钮，如图 3-6-1 所示。

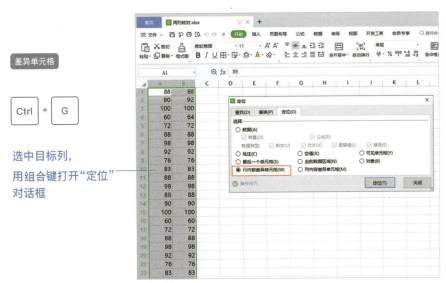

图 3-6-1　设置行内容差异单元格

1　在微信公众号"WPS学堂"中，回复数字"0006"可获取详细的视频教程。

单击"定位"按钮后，两个数据中的差异项就能马上找出来了，如图 3-6-2 所示。

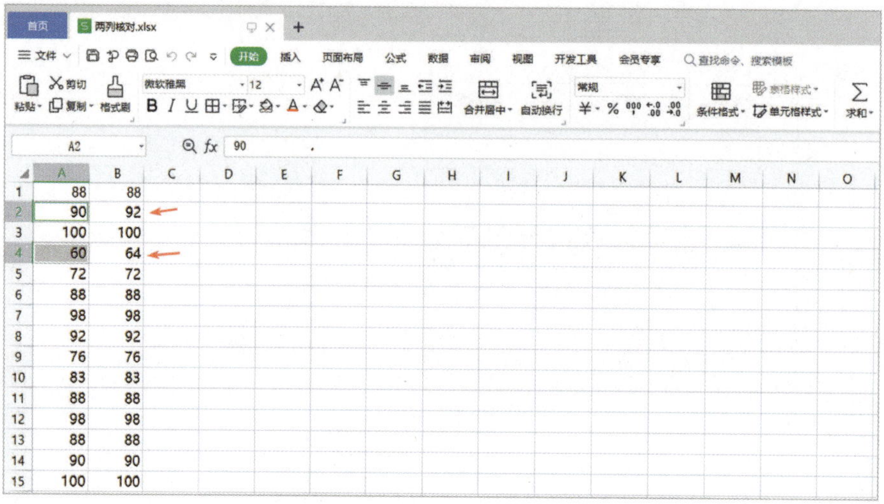

图 3-6-2　显示差异项

如果想对比两个结构相同的工作表的数据，则可以使用 Ctrl+A 组合键全选第一个表格，再使用 Ctrl+C 组合键复制表格，然后使用 Ctrl+A 组合键全选另一个结构相同的表格。在选中的数据区域上右击，在弹出的菜单中选择"选择性粘贴"命令，勾选"减"单选按钮，如图 3-6-3 所示。

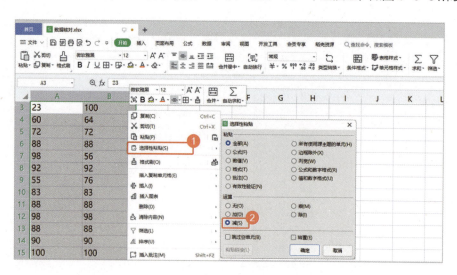

图 3-6-3　选择性粘贴

此时表格中的数据会发生变化，即显示的是两个表格数据相减的结果。相减结果不为 0 的单元格表示的是两个工作表数据不相同的地方，如图 3-6-4 所示。

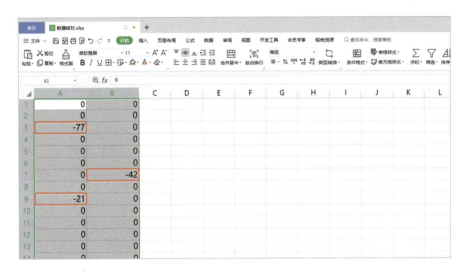

图 3-6-4　相减结果不为 0 的单元格表示数据不同

7. 工作中常用的函数

电子表格中的函数是处理数据、提升工作效率的好帮手。通过单击"公式"选项卡的"fx 插入函数"按钮，即可查看并插入函数，如图 3-7-1 所示。

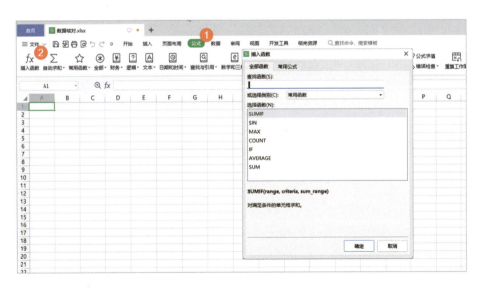

图 3-7-1　fx 插入函数

下面为大家介绍 7 个在工作中常用的函数。

VLOOKUP 高效查找[1]

VLOOKUP 函数是一个查找函数，可以找到指定区域内的值。

语法结构：=VLOOKUP(查找值,数据表,列序数,[匹配条件])。

举例

在一张成绩表中，如果要查找"张小敬"的选择题得分，那么可以在 VLOOKUP 函数中将"查找值"设置为"张小敬"，"数据表"设置为整个表格区域，"列序数"设置为成绩所在的列序数。"匹配条件"设置为 FALSE（精确查找为 FALSE，模糊查找为 TRUE），如图 3-7-2 所示。

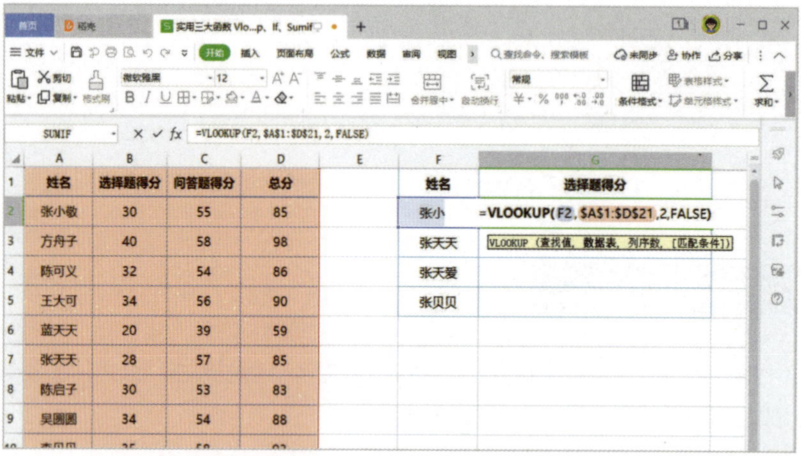

图 3-7-2 VLOOKUP 函数

值得注意的是，VLOOKUP 函数计算的查找方向一般是从左到右的，即当有多个符合条件的数据时，公式结果必须与查找区域的第一列对应。如需逆序查找，则需嵌套 IF 函数。

IF 条件判断[2]

IF 函数是一个判断函数，可以判断值是否满足给定条件。

语法结构：=IF(测试条件,真值,[假值])。

举例

在一张成绩表中，想要让表格自动判断成绩是否合格即大于或等于 60 分，可以使用 IF 函数。设置好"测试条件"（选择分数单元格并输入>=60），在 IF 函数中将"真值"设置为合格，"假值"设置为不合格（记得加上英文双引号如"合格","不合格"），如图 3-7-3 所示。

---

[1] 在微信公众号"WPS 学堂"中，回复数字"0007"可获取详细的视频教程。
[2] 在微信公众号"WPS 学堂"中，回复数字"0007"可获取详细的视频教程。

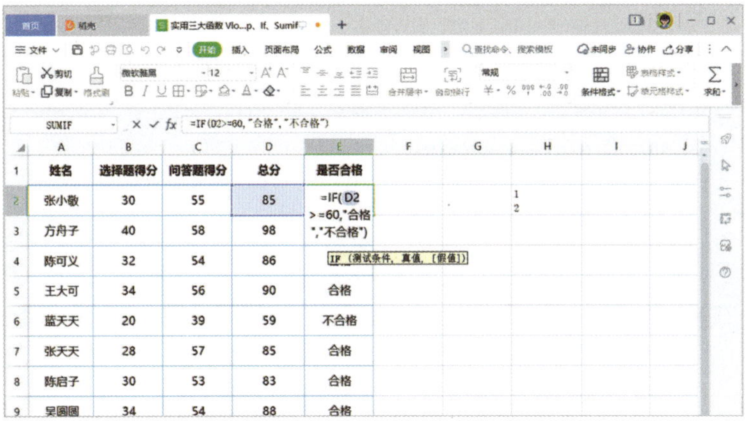

图 3-7-3 IF 函数

SUMIF 条件求和[1]

SUMIF 函数是一个求和函数，可以根据条件进行求和。

语法结构：=SUMIF（区域,条件,[求和区域]）。

> 举例

下面计算"张小敬"获得的总勋章数量。此时，SUMIF 函数中的"区域"可设置为表格中的姓名列"B1:B25"，"条件"设置为张小敬"E2"，"求和区域"设置为勋章列"C1:C25"，如图 3-7-4 所示。

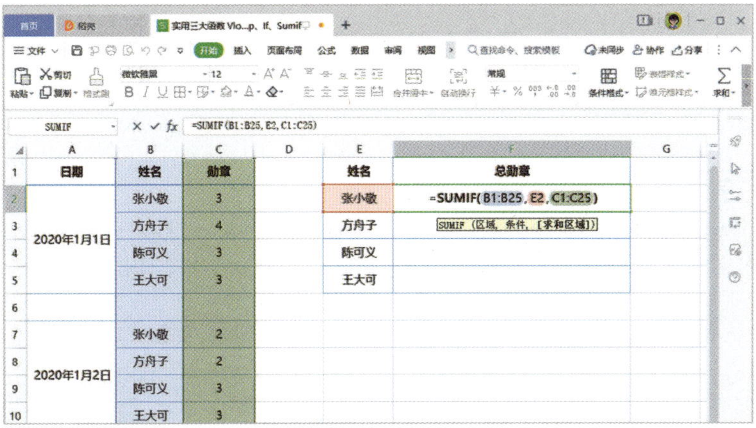

图 3-7-4 SUMIF 函数

---

[1] 在微信公众号"WPS 学堂"中，回复数字"0007"可获取详细的视频教程。

COUNTIF 统计[1]

COUNTIF 函数是一个统计函数，可以根据指定条件在指定区域中查找、统计符合指定条件的数据。

语法结构：=COUNTIF（查找区域,条件）。

举例

以考勤表为例，统计某员工到岗情况。选中需要计算的单元格，单击"公式"选项卡的"fx 插入函数"按钮，在弹出的"插入函数"对话框中选择 COUNTIF 函数。在"函数参数"对话框中设置区域为"E6:AI7"（查找区域），条件设置为"√"，或者选择 AJ5，即可快速得出此员工的到岗情况，如图 3-7-5 所示。

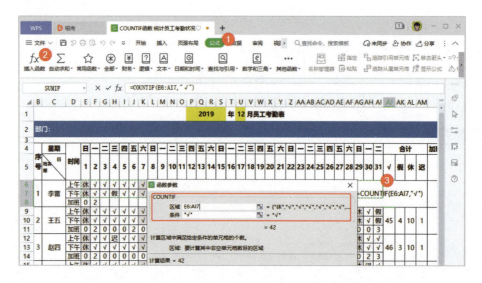

图 3-7-5　COUNTIF 函数

AVERAGE 平均值[2]

AVERAGE 函数是一个计算平均值的函数，可以根据选中的数值区域，或指定的数值单元格计算平均值。

语法结构：=AVERAGE（数值区域）或者=AVERAGE（数值）。

---

1 在微信公众号"WPS 学堂"中，回复数字"0008"可获取详细的视频教程。
2 在微信公众号"WPS 学堂"中，回复数字"0009"可获取详细的视频教程。

举例

以工资表为例，计算该公司员工的平均工资。选中 D3 单元格，单击"公式"选项卡的"*fx* 插入函数"按钮，在弹出的"插入函数"对话框中选择 AVERAGE 函数，选择薪资 B 列为数值区域。按 Enter 键，即可求出数据平均值，如图 3-7-6 所示。

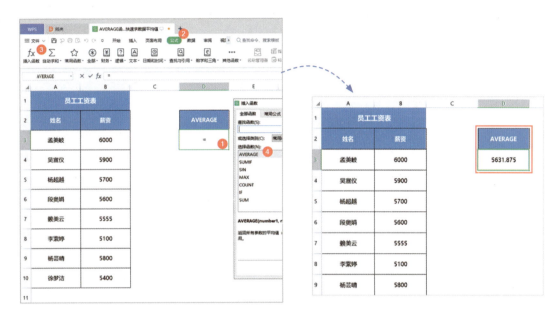

图 3-7-6　AVERAGE 函数

RANK 排名计算[1]

RANK 函数是一个用于计算排名的统计函数，可以根据选中的数值区域计算出排名。

语法结构：=RANK(数值,引用,[排位方式])。

举例

以成绩表为例，按成绩进行排名。选中 F2 单元格，单击"公式"选项卡的"*fx* 插入函数"按钮，在弹出的"插入函数"对话框中选择 RANK 函数，如图 3-7-7 所示。

---

[1] 在微信公众号"WPS 学堂"中，回复数字"0010"可获取详细的视频教程。

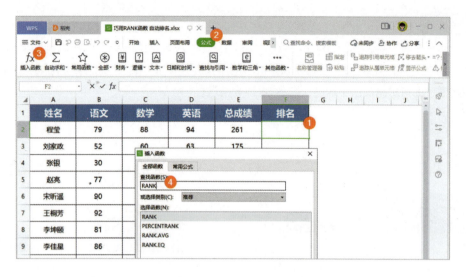

图 3-7-7　RANK 函数

设置好数值,选择区域设置为"总成绩"列,设置排位方式后即可求出排名,如图 3-7-8 所示。在 RANK 函数公式中的"排位方式"是指按升序或降序排名,设置为 0 或空时则按照从高到低的顺序排名,设置为 1 时则按照从低到高的顺序排名。

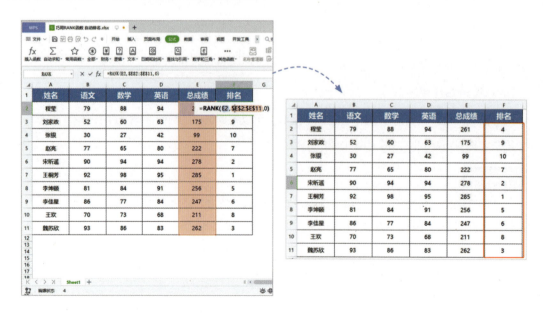

图 3-7-8　求出排名

DATEDIF 日期间隔[1]

DATEDIF 函数是一个计算日期间隔的函数。可根据选中的数值区域，计算两个日期之间的天数、月数或年数。

语法结构：=DATEDIF(开始日期,终止日期,比较单位)。

举例

以员工信息表为例，对员工的工龄进行计算。选中 C2 单元格，单击"公式"选项卡的"fx 插入函数"按钮，在弹出的"插入函数"对话框中选择 DATEDIF 函数。选择起始日期，设置返回类型（求年数，即输入 Y），即可求出工龄（年），如图 3-7-9 所示。

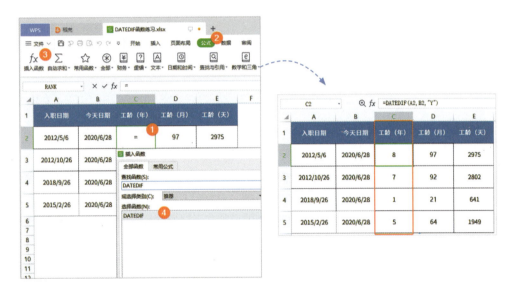

图 3-7-9　求出工龄

DATEDIF 函数公式中的"比较单位"的说明如下。

- Y：计算两个日期间隔的年数。
- M：计算两个日期间隔的月数。
- D：计算两个日期间隔的天数。
- YD：忽略年数差，计算两个日期间隔的天数。
- MD：忽略年数差和月数差，计算两个日期间隔的天数。
- YM：忽略年数差，计算两个日期间隔的月数。

1　在微信公众号"WPS 学堂"中，回复数字"0011"可获取详细的视频教程。

第 4 章
快速制作演示文稿

1. 快速设置幻灯片母版[1]

幻灯片母版可用于设置演示文稿中每张幻灯片的样式，以及设定各种标题文字、背景、属性等。比如，新建演示文稿时一般会出现一个空白的幻灯片，但有些人出现的是白色背景的幻灯片，有些人出现的是木色底纹背景的幻灯片。出现这种现象的原因在于对幻灯片母版的设置，如果当前幻灯片母版底色为木色底纹，那么意味着新建的幻灯片就是木色底纹背景，如图 4-1-1 所示。

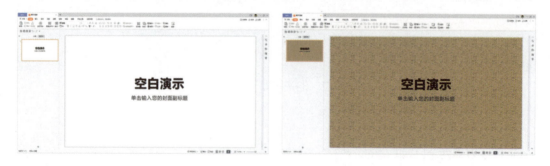

图 4-1-1　不同的幻灯片母版

母版分为"基础母版"和"子母版"，如图 4-1-2 所示。更改主母版，则演示文稿的所有幻灯片页面都会发生改变。单击"设计"选项卡的"编辑母版"按钮，如图 4-1-3 所示。设置基础母版的"背景"颜色为白色，这样所有的幻灯片背景就变成了白色。单击关闭母版编辑后，再新建幻灯

---

[1] 在微信公众号"WPS 学堂"中，回复数字"0012"可获取详细的视频教程。

片时，出现的空白幻灯片就是白色的了。

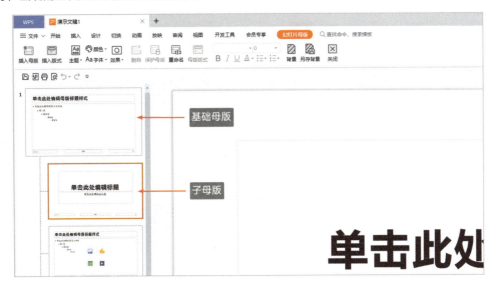

图 4-1-2　基础母版和子母版

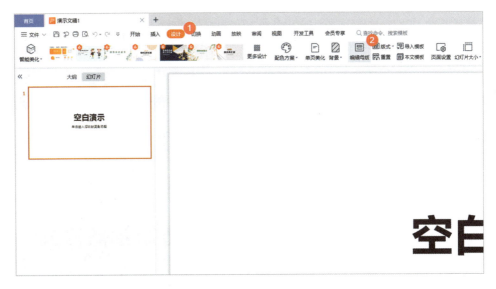

图 4-1-3　编辑母版

在基础母版左侧右上角添加 WPS 产品标识。添加完成后，单击"幻灯片母版"选项卡的"关闭母版视图"按钮。当返回演示文稿制作页面时，会发现在"基础母版"中增加的 WPS 产品标识便出现在了所有幻灯片页面中，如图 4-1-4 所示。

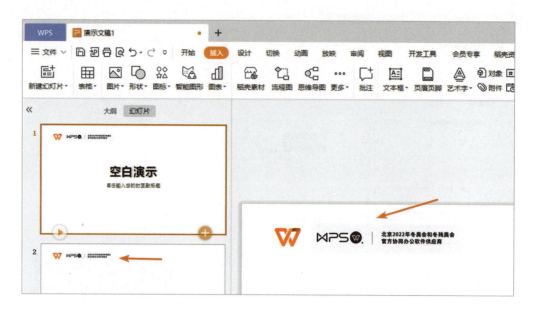

图 4-1-4　添加 WPS 产品标识

若常常使用一种幻灯片样式，那么可以在母版内保存这个设计，以便之后快速新建统一幻灯片，相当于制作一个属于你自己的"模板"。保存方法：单击"文件"-"另存为"命令，在弹出菜单中选择"WPS 演示 模板文件（*.dpt）"选项（另存为的文件格式类型），如图 4-1-5 所示。

图 4-1-5　保存设计

导入母版的方法：在 WPS 中新建幻灯片，单击"设计"选项卡的"导入模板"按钮即可，如图 4-1-6 所示。

图 4-1-6　导入模板

2. 快速设置幻灯片页面尺寸[1]

针对不同的使用场景制作演示文稿，首先需要选定一个合适的幻灯片页面大小。单击"设计"选项卡的"幻灯片大小"按钮，可快速调整幻灯片尺寸。单击下拉按钮，可将幻灯片设置为常用的标准尺寸 4:3 或宽屏尺寸 16:9，如图 4-2-1 所示。

如果需要设置其他尺寸，则可以选择下拉菜单中的"自定义大小"命令进行更丰富的页面设置。选择该命令后，在弹出的"页面设置"对话框中设置幻灯片大小。"幻灯片大小"选项提供了多种幻灯片大小预设尺寸，也支持手动输入宽度、高度进行修改，如图 4-2-2 所示。

1　在微信公众号"WPS 学堂"中，回复数字"0013"可获取详细的视频教程。

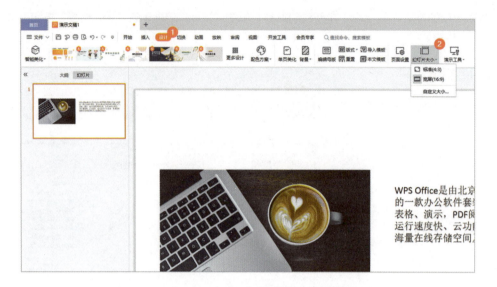

图 4-2-1　设置页面尺寸

图 4-2-2　设置幻灯片大小

除了幻灯片大小，"页面设置"对话框还支持多项设置，如图 4-2-3 所示。

- 纸张大小：当幻灯片用于打印时所用的纸张页面大小。
- 方向：可以将幻灯片、备注、讲义和大纲的方向调整为纵向或横向。

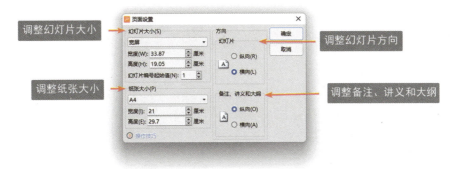

图 4-2-3　页面设置对话框

3. 格式、字体统一技巧[1]

在制作演示文稿的过程中，为了美观一般会统一格式，下面为大家介绍快速统一格式的小技巧。

以下面的幻灯片为例，将字体统一为蓝色。首先，选中蓝色字体的文本框，单击"开始"选项卡的"格式刷"按钮，如图 4-3-1 所示。

图 4-3-1　格式统一

单击后便可以看到鼠标指针变为一个刷子+一个箭头的形状，移动至黑色字体处，单击一下目标对象，即可完成格式复制，如图 4-3-2 所示。

---

[1] 在微信公众号"WPS 学堂"中，回复数字"0014"可获取详细的视频教程。

图 4-3-2　鼠标指针形状

如果要改变多个对象的格式，则可以先选中蓝色字体，再双击两次"格式刷"按钮。此时即可连续使用该格式刷进行单元格格式修改。图片也是如此操作。若要退出"格式刷"状态，则可以按 Esc 键退出。

接下来是，字体的统一技巧。如果要将演示文稿中的宋体统一换为微软雅黑，那么单击"开始"选项卡的"替换"按钮，在弹出的菜单中选择"替换字体"命令，如图 4-3-3 所示。在弹出的"替换字体"对话框中将"替换:"设置为"宋体"，"替换为:"设置为"微软雅黑"，单击"替换"按钮即可快速完成字体格式的统一。

图 4-3-3　统一替换字体

4. 段落设置技巧[1]

以下面幻灯片为例，由于文本段落的间距和行距都非常小，因此阅读起来十分吃力。此时选中

---

[1] 在微信公众号"WPS 学堂"中，回复数字"0015"可获取详细的视频教程。

该段落，在出现的文本框上右击，在弹出的菜单中选择"段落"命令，如图 4-4-1 所示。

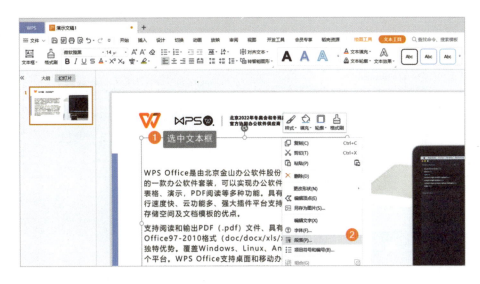

图 4-4-1　选择"段落"命令

在弹出的"段落"对话框中，单击"缩进与间距"选项卡，在"间距"选项中调整"段前"为"12 磅"，"段后"为"14 磅"。接着将"行距"选项中的"单倍行距"改为"多倍行距"，再将设置值改为"1.20"，如图 4-4-2 所示。

图 4-4-2　设置段落数值

单击"确定"按钮后，文本框中的内容间距便会变得更加宽松。图 4-4-3 显示的是段落设置的前后对比。

图 4-4-3　段落设置的前后对比

5. 快速为幻灯片内容配图[1]

纯文字的幻灯片页面会太过枯燥，所以有人会花很多时间来找图片进行搭配，但要找到合适的图片也并不容易。为了节省时间，我们可以使用 WPS 中的 AI "智能美化"功能，根据幻灯片的文案语义自动匹配合适的图片，快速寻找配图，提高工作效率。

以下方图片为例，幻灯片文案是海洋相关的介绍，单击演示文稿界面底部的"智能美化"按钮，如图 4-5-1 所示。

图 4-5-1　"智能美化"功能

1　在微信公众号"WPS 学堂"中，回复数字"0016"可获取详细的视频教程。

WPS 便会自动给出了多款海洋相关的精美图片。你可以在选择后进行一键套用，如图 4-5-2 所示。

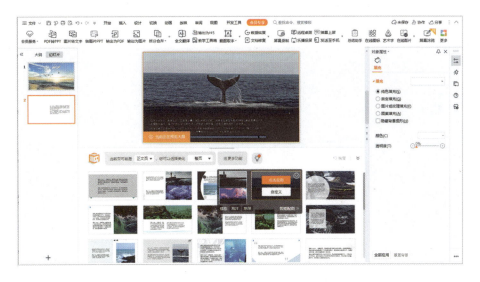

图 4-5-2　自动寻找匹配图片

第 5 章
快速设置演示文稿放映

1. 如何设置放映模式[1]

若想提前放映预览文件或汇报演示文件,那么可以将放映模式设置成对应的模式。

以演示文件为例,单击"放映"选项卡的"放映设置"按钮,在弹出的菜单中选择"放映设置"命令,如图 5-1-1 所示。放映的时候可以选择手动放映或者自动放映。

图 5-1-1　放映设置

1　在微信公众号"WPS 学堂"中,回复数字"0017"可获取详细的视频教程。

在弹出的"设置放映方式"对话框中，可以设置幻灯片的放映类型、放映选项，等等。在"放映类型"中可以选择"演讲者放映"或"展台自动循环放映"，如图 5-1-2 所示。两者的共同之处是全屏幕放映演示文稿。两者的不同之处是，"演讲者放映"模式由演讲者主要操控演示文稿，而"展台自动循环放映"模式则是展台系统自动循环放映。

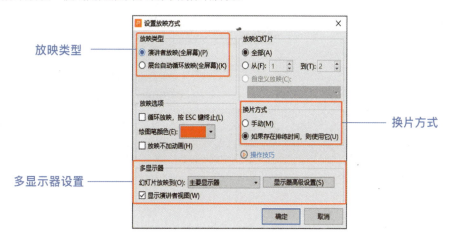

图 5-1-2　设置放映方式

其他设置选项的补充说明：在"放映幻灯片"中可以设置需要放映的幻灯片。以放映全部幻灯片为例，在"放映选项"和"换片方式"中可以对放映时是否需要循环放映，以及换片方式等进行设置。

如果想要在一个显示器上放映幻灯片，另一个显示器上显示电脑屏幕，那么可以在"设置放映方式"的"多显示器"中设置幻灯片放映到主、副显示器上。这样当你想放映的时候，观众看到的是无备注的幻灯片，而自己在另一台显示器上看到的是带有备注的幻灯片。

2. 演示文稿的演讲倒计时模式[1]

WPS 演示中的"备注"和"倒计时"功能能够方便演示者练习演讲。

以演示文件为例，单击"放映"选项卡的"演讲备注"按钮（或直接使用幻灯片下方的备注栏），在弹出的"演讲者备注"对话框中输入备注内容，然后单击"确定"按钮，如图 5-2-1 所示。将自己提炼的总结、想法等不需要展示给观众看的内容写在备注里，在演讲的时候起到提醒的作用。

---

[1] 在微信公众号"WPS 学堂"中，回复数字"0018"可获取详细的视频教程。

图 5-2-1　演讲者备注

写好备注后，就可以对演讲时间进行计时了。单击"放映"选项卡的"排练计时"按钮，在弹出的菜单中选择"排练全部"命令，如图 5-2-2 所示。

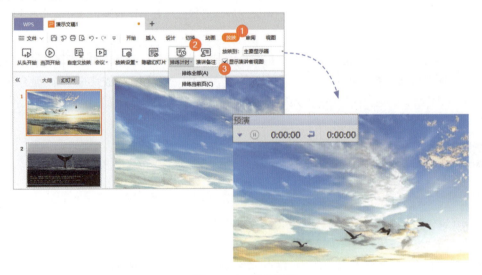

图 5-2-2　排练计时

此时便能进入排练模式，在画面上方左侧弹出了预演计时器，如图 5-2-3 所示。单击左侧倒三角按钮即可翻到"下一项"，对幻灯片进行翻页。翻页时会重新对本页内容进行计时，但总时长保持不变。如果要暂停计时，则单击暂停键。

📖 **小知识**　左右两个计时时长是什么呢？

　　左侧的时长是本页幻灯片的单页演讲时间计时，右侧的时长是全部幻灯片演讲总时长计时。单击重复键，可以重新记录单页时长的时间，并且总时长会重新计算此页时长。按下 Esc 键可以退出计时模式。我们可以单击保存本次演讲，此时可以看到每张幻灯片单张演讲时长是多少。

图 5-2-3　演讲时间计时

3. 会议中演示文稿的打开方式[1]

　　在工作中有时会遇到临时会议需要使用演示文稿的情况，可以使用 WPS 的"会议"功能实现多人同步观看。WPS 会议功能可以进行语音传输、播放文档，以及手机遥控，能有效提升会议场景的智能化。

　　以演示文件为例，单击"放映"选项卡的"会议"按钮。在弹出的菜单中选择"加入会议"命令，输入接入码即可加入会议，如图 5-3-1 所示。

　　如果想发起会议，那么在弹出的菜单中选择"发起会议"命令后，再单击右下角的"成员"—"邀请成员"按钮，如图 5-3-2 所示。其他人便可以通过复制邀请信息或者使用金山会议 App 扫码加入会议。会议结束后，单击"结束会议"按钮即可。

1　在微信公众号"WPS 学堂"中，回复数字"0019"可获取详细的视频教程。

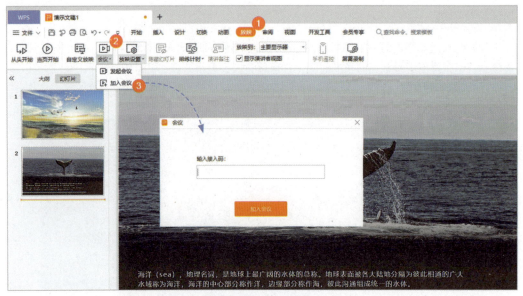

图 5-3-1 加入会议

图 5-3-2 邀请成员

4. 放映演示文稿时如何用画笔对内容进行标记[1]

在公众场合放映或汇报演示文稿时，经常需要给重要内容添加标记，那么在 WPS 演示中如何在放映时用画笔对内容进行标记呢？

以演示文件为例，单击"放映"选项卡的"当页开始"按钮，即可进入放映模式，如图 5-4-1 所示。

图 5-4-1　进入放映模式

在右下角工具栏中可以选择画笔样式、线条样式、画笔颜色、橡皮擦，等等。例如，可以设置画笔样式为"荧光笔"，线条样式为"自由曲线"，画笔颜色为"黄色"。设置完成后，就能在演示文稿上进行标记了，如图 5-4-2 所示。

图 5-4-2　设置画笔样式

如果想删除标记内容，那么可以单击"橡皮擦"按钮。在退出放映模式时，WPS 还会提醒你是

1　在微信公众号"WPS 学堂"中，回复数字"0020"可获取详细的视频教程。

否保留墨迹注释。如果选择保留，则会将墨迹注释保留到演示文稿中，如图 5-4-3 所示。

图 5-4-3　提示墨迹注释是否保留

第 2 篇
实用技巧

本篇选取同类书中较少提及、容易忽略的知识点进行讲解。内容以办公中需要的打印存档、视觉美化、演示放映等为主。

- 第 6 章　实用文档排版技巧
- 第 7 章　实用文档打印技巧
- 第 8 章　高级图表制作技巧
- 第 9 章　实用表格制作技巧
- 第 10 章　实用表格打印技巧
- 第 11 章　高级演示文稿的演示技巧
- 第 12 章　实用技巧汇总

第 6 章
实用文档排版技巧

1. 快速删除多余空白页[1]

当文档中出现一个或多个空白页,而这些空白页又无法删除时,除直接在空白页中按 Delete 键或 Backspace 键外,以下 3 种方法也可以解决此问题。

方法 1:使用"查找替换"功能,以"段落标记"导致的多余空白页为例。

单击"开始"选项卡的"查找替换"按钮,在弹出的菜单中选择"替换"命令,如图 6-1-1 所示。另外,也可以使用 Ctrl+H 组合键唤起查找和替换对话框。

在"查找和替换"对话框中,将光标定位在"查找内容"文本框中,然后单击"特殊格式"按钮,在弹出的菜单中选择"段落标记"命令,如图 6-1-2 所示。

在"查找和替换"对话框中,单击"全部替换"按钮即可删除空白页,如图 6-1-3 所示。若文档中存在手动换行符,则查找时需要将手动换行符与段落标记全部替换才能删除多余空白页。

---

1 在微信公众号"WPS 学堂"中,回复数字"0021"可获取详细的视频教程。

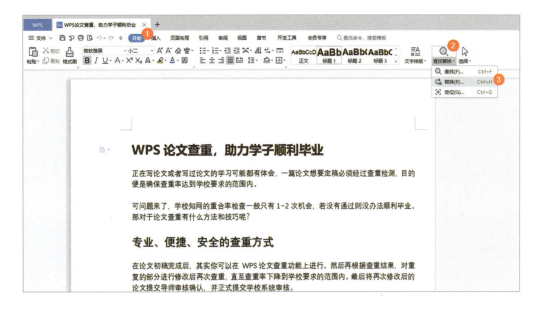

图 6-1-1 设置替换

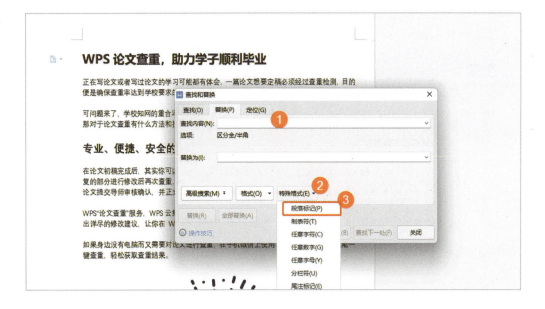

图 6-1-2 设置段落标记

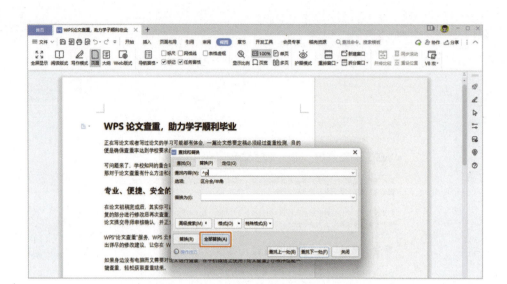

图 6-1-3 设置全部替换

方法 2：删除分页符，以"分页符"导致的多余空白页为例。

单击"开始"选项卡的"显示/隐藏编辑标记"按钮，在弹出的菜单中选择"显示/隐藏段落标记"命令，如图 6-1-4 所示。

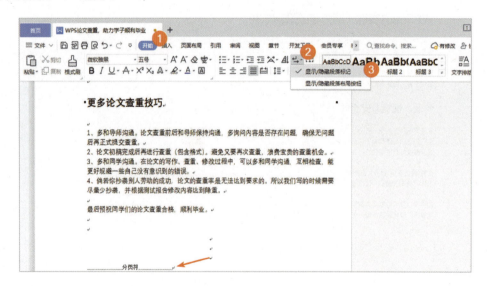

图 6-1-4 设置显示/隐藏段落标记

在分页符的后面单击，然后按 Delete 键或 Backspace 键即可，如图 6-1-5 所示。当分页符过多时，也可以利用方法 1 在特殊格式中选择手动分页符进行全部替换即可。

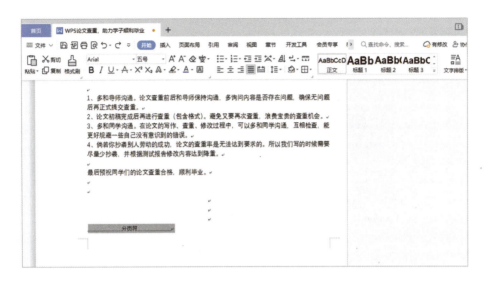

图 6-1-5 分页符

方法 3：调整段落数值。

在空白页的首位光标处右击，在弹出的菜单中选择"段落"命令，在段落对话框中将行距改为固定值为 1，如图 6-1-6 所示。

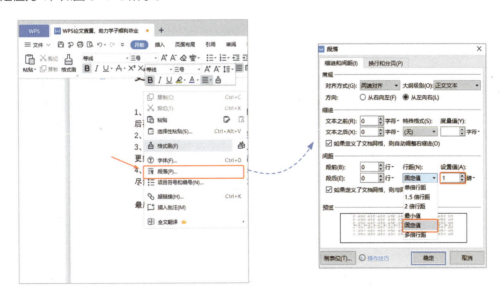

图 6-1-6 设置段落

如果遇到由"表格"导致的多余空白页的情况，则可以通过调小表格来删除多余空白页。例如，选中表格后，再调小表格高度，如图 6-1-7 所示。

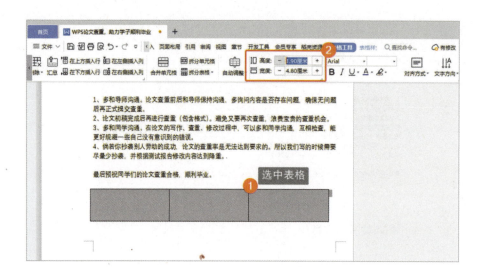

图 6-1-7　调整表格

2. 去除自动添加的超链接

很多时候会遇到一种情况，即输入网站链接或 E-mail 地址后，WPS 会自动将其转换为一个超链接，即字体颜色变蓝、有下画线。倘若不需要超链接，你可以使用以下两种方法解决。

方法 1：选中网站链接，单击"清除格式"按钮即可一键清除，如图 6-2-1 所示。

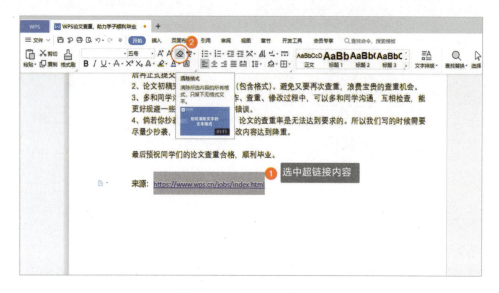

图 6-2-1　清除超链接格式

方法 2：单击左上角"文件"菜单中的"选项"命令，在弹出的"选项"对话框中选择"编辑"命令，取消勾选"Internet 或网络路径替换为超链接"复选框，如图 6-2-2 所示。

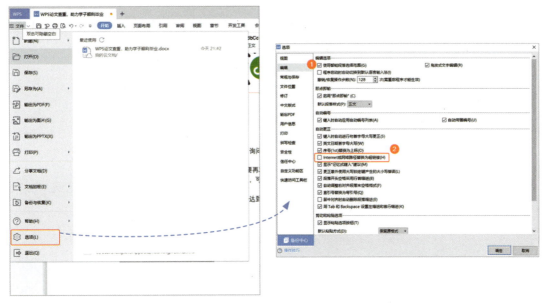

图 6-2-2　取消勾选"Internet 或网络路径替换为超链接"复选框

3. 取消自动添加的编号

当我们编辑文档时，经常会遇到这样的情况：输入以序号作为开头的段落，按 Enter 键后，从第二段开始时的段落会自动编号。

虽然感觉很智能，但有时也会给我们编排文档造成一些麻烦（因为有时候根本不需要它）。在这种情况下，你可以通过以下方法快速取消自动添加的编号。

单击左上角"文件"菜单中的"选项"命令，在弹出的"选项"对话框中选择"编辑"命令。取消勾选"键入时自动应用自动编号列表"复选框和"自动带圈编号"复选框即可，如图 6-3-1 所示。

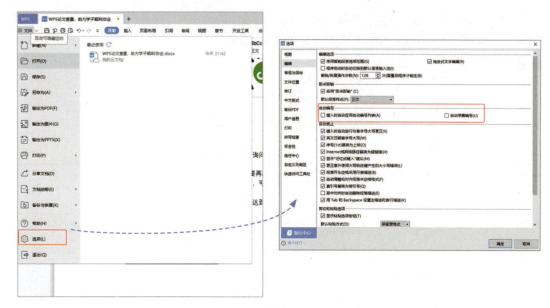

图 6-3-1　取消自动添加的编号

4. 禁止首行出现标点符号

在编辑文档时，有时会发现首行带有标点符号，如图 6-4-1 所示。

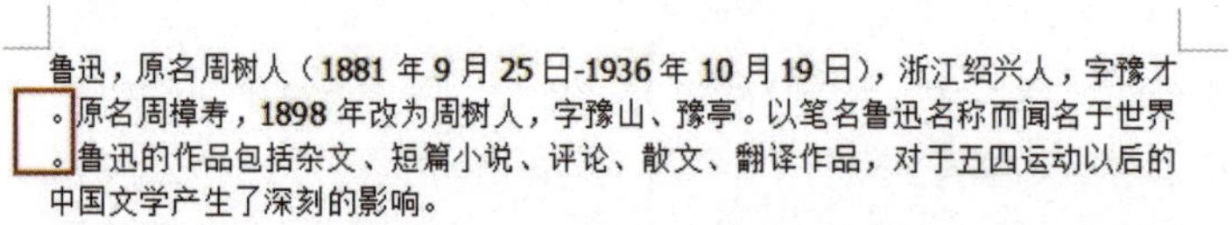

图 6-4-1　首行标点符号

这样的显示看上去十分别扭且有违中文排版规范，你可以使用以下方法避免。

在选中的段落文本上右击，在弹出的菜单中选择"段落"命令，在弹出的"段落"对话框中单击"换行和分页"选项卡，勾选"按中文习惯控制首尾字符"复选框和"允许标点溢出边界"复选框，最后单击"确定"按钮，如图 6-4-2 所示。

图 6-4-2　勾选"按中文习惯控制首尾字符"复选框和"允许标点溢出边界"复选框

5. 一次性修改排版格式

如果想要快速对文档进行排版调整,那么"样式与格式"功能必不可少。它支持将文字段落格式、字体、字号等进行自定义设置,并将其整合到一个样式中,使得文档的排版规整、有序。

例如,设置完样式后,如果想要把正文的标题 1 的字体设置为微软雅黑,那么此时就不需要逐个选择标题调整,直接修改样式里的"标题 1"即可快速批量修改文档中所有标题 1 的样式。操作方法如下:

单击"开始"选项卡,在预设样式中单击下拉按钮,如图 6-5-1 所示。

图 6-5-1　单击下拉按钮

在下拉列表中选择"显示更多样式"命令,打开"样式和格式"任务窗格,找到需要修改的格式。单击格式右侧的下拉按钮,在弹出的菜单中选择"修改"命令进入修改设置,如图 6-5-2 所示。

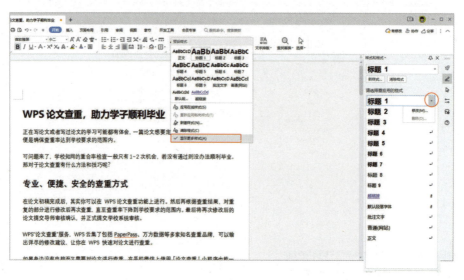

图 6-5-2　进入修改设置

在"修改样式"对话框中单击"格式"按钮,在弹出的下拉菜单中选择"字体"命令。在"字体"对话框中,单击"字体"选项卡并按照需求更改中文字体为"微软雅黑",单击"确定"按钮,如图 6-5-3 所示。至此,整篇文档中需要修改的标题 1 样式就都修改好了。

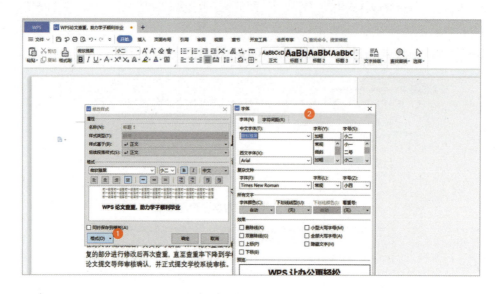

图 6-5-3　设置中文字体

第 7 章
实用文档打印技巧

1. 如何设置彩色打印

通常需要打印的文件是黑白色的。但要想打印彩色的文件该怎么办呢？答案是，在 WPS 里设置一下"打印模式"就可以解决。操作方法如下：

首先，打开 WPS 文档，单击"文件"按钮，在弹出的菜单中选择"打印"-"打印"命令，如图 7-1-1 所示。

图 7-1-1　选择打印命令

在"打印"对话框中单击"选项"按钮,在弹出的"选项"对话框中勾选"打印背景色和图像"复选框,单击"确定"按钮,如图 7-1-2 所示。

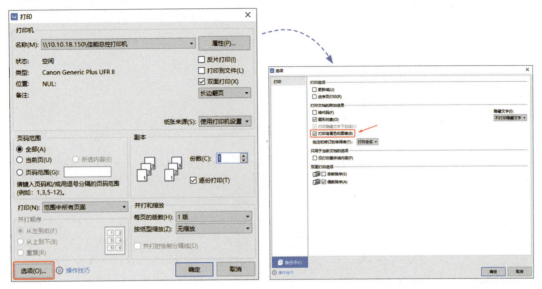

图 7-1-2　设置打印选项

在左上角快速访问工具栏中单击"打印"按钮后,在弹出的"打印"对话框中单击"属性"按钮,在色彩模式中选择"彩色"选项,如图 7-1-3 所示。在页面预览处也可快速切换色彩模式,设置完成后,单击"确定"按钮。这样就能打印彩色的文件了!

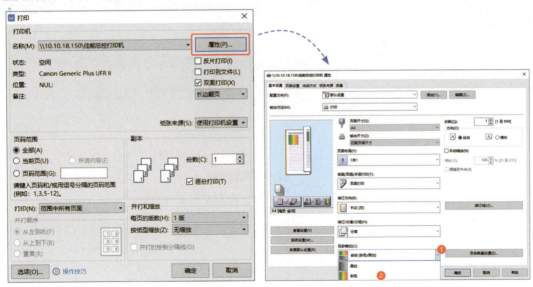

图 7-1-3　设置打印属性

2. 如何设置装订线

对于一些公文资料、考试试卷，有时需要为其设置装订线。那么 WPS 文档如何设置装订线呢？

以此文档为例，我们要在页面上侧 2.5 厘米处添加装订线。单击"页面布局"选项卡的"页边距"按钮，在弹出的菜单中选择"自定义页边距"命令，如图 7-2-1 所示。在"页面设置"对话框的"页边距"栏中设置装订线位置为"上"，装订线宽为"2.5"厘米。

图 7-2-1　自定义页边距

这样就可以在该份文档页面上侧 2.5 厘米处添加装订线了，如图 7-2-2 中红框区域所示。

图 7-2-2　新添加的装订线区域

3. 如何设置页边距

页边距是文档内容与页面边缘之间的距离。在排版或打印时，可根据内容布局调整页边距。操作方法如下：

使用 Ctrl+A 组合键全选文档，单击"页面布局"选项卡的"页边距"按钮，可在预设的页边距列表中选择常用的页边距，可选"普通""窄""适中""宽"，如图 7-3-1 所示。

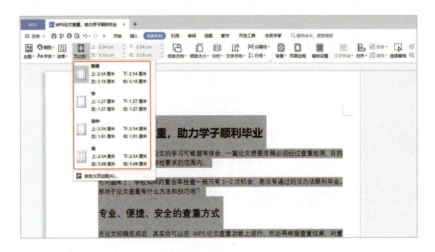

图 7-3-1　设置页边距

如果列表中没有合适的页边距，那么选择"自定义页边距"命令。在弹出的"页面设置"对话框中的"页边距"栏设置上、下、左、右页边距的大小，如图 7-3-2 所示。

图 7-3-2　页面设置

在"方向"栏可调整纸张为"纵向"或"横向"。

在"页码范围"栏可设置在双面打印时常用的"对称页边距"。

另外，打印书籍时会在"页码范围"中使用"书籍折页"和"反向书籍折页"选项。书籍折页是按常见的页码顺序，从左边页向右边页阅读的方式打印的；反向书籍折页则是类似古书的格式，即从右边页向左边页阅读的方式打印的。

4. 如何不打印文档中的表格[1]

当我们需要打印一些文档时，有的文档中带有表格，那么如何隐藏文档中的表格，让它不被打印出来呢？

以下面文档为例，该文档中含有一份课程时间表。首先，将表格的框线设置为"无"。选中表格，单击"表格工具"选项卡的"表格属性"按钮，在弹出的"表格属性"对话框中，单击"边框和底纹"按钮。在"边框和底纹"对话框中将边框设置为"无"，单击"确定"按钮，如图 7-4-1 所示。这样边框就没有颜色了。

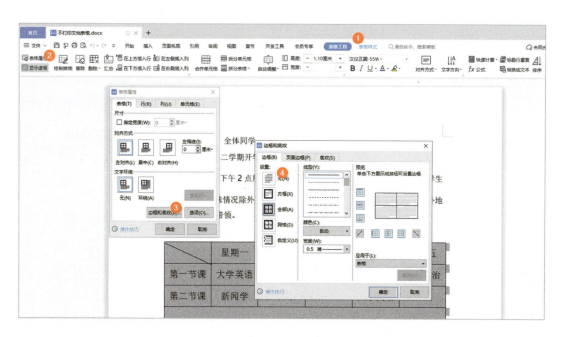

图 7-4-1　设置边框和底纹

然后，取消显示表格的虚框。选中表格，单击"表格工具"选项卡的"显示虚框"按钮，这样

1　在微信公众号"WPS 学堂"中，回复数字"0022"可获取详细的视频教程。

就可以取消显示表格的虚框了，如图 7-4-2 所示。

图 7-4-2 取消显示表格虚框

最后，将表格内的文本内容隐藏。选中文本内容，单击"开始"选项卡的"字体"对话框按钮。在弹出的"字体"对话框中，勾选"隐藏文字"复选框，单击"确定"按钮后就可以隐藏文字了，如图 7-4-3 所示。

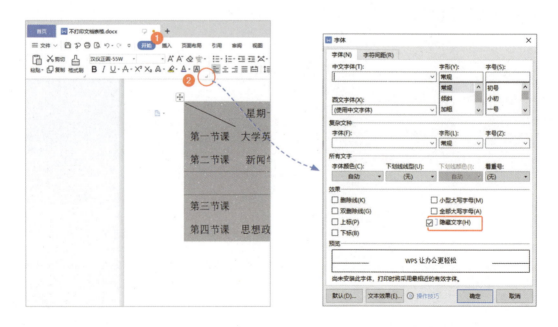

图 7-4-3 隐藏文字

5. 如何将多页文档打印到一张纸上

在打印时为了节约纸张，可以设置将多页打印到一张纸上。操作方法如下：

在打开的 WPS 文档中，单击"文件"按钮，在弹出的菜单中选择"打印"-"打印"命令。在弹出的"打印"对话框中的"并打和缩放"栏中设置每页的版数，设置将多少页的内容合并并打印到一张纸上，如图 7-5-1 所示。在 WPS 中最多可以将 32 页内容合并并打印到一张纸上，不过文字会变得很小。

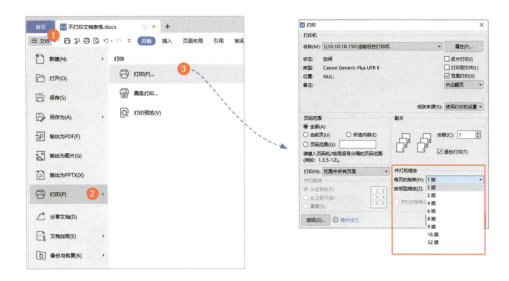

图 7-5-1　打印到一张纸上

6. 如何只打印文档的部分内容

打印文档时，往往很多页面并不需要全部打印出来。以下面文档为例，想要打印的文字只有高亮区域，如图 7-6-1 所示。那么在保持原文档不发生改变的情况下，该如何打印这部分内容呢？

首先，选中需要打印的文本段落。然后，单击左上角快速访问工具栏中的"打印"按钮。在弹出的"打印"对话框的"页码范围"栏中勾选"所选内容"单选按钮。单击"确定"按钮后，即可打印选中的文本段落了，如图 7-6-2 所示。

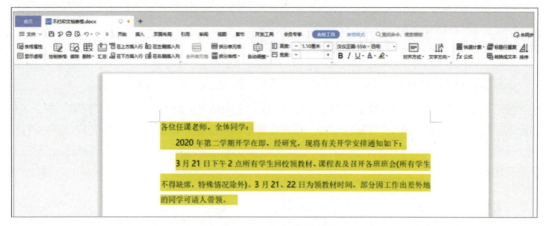

图 7-6-1　打印高亮区域

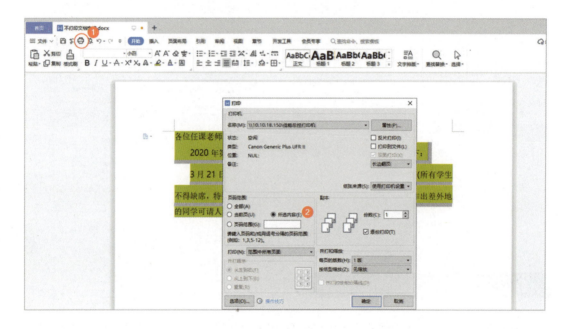

图 7-6-2　设置打印内容

也可选中将此段落后，将其复制、粘贴到新的空白文档中。然后单击左上角快速访问工具栏中的"打印"按钮，对此文本内容进行快速打印。

7. 如何逆序打印文档

在打印文档时，多数人会选择顺序打印。当文档页数过多，文档被打印出来时，起始页会被压在最后面，排序方式为从后往前排，需要手动一页一页调整排序。此时，可以使用"逆序打印"方式，让文档从后往前打印，让打印出来的文档的最终呈现效果是起始页为首页，末尾页为末页。操作方法如下：

以下面文档为例，单击"文件"按钮，在弹出的菜单中选择"打印"命令。在弹出的"选项"对话框中，单击"打印"命令，在"打印选项"栏中取消勾选"逆序页打印"复选框。单击"确定"按钮，这样就可以逆序打印文档了，如图 7-7-1 所示。

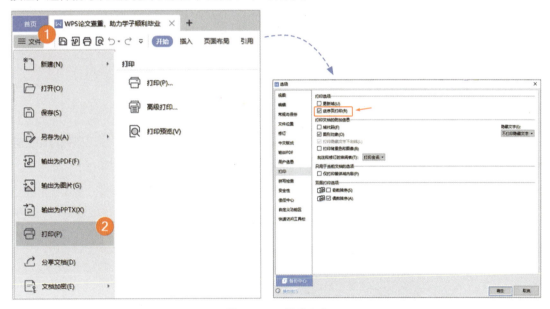

图 7-7-1　逆序打印

8. 手动双面打印文档，打印奇数页和偶数页

有时手动打印双面文档时，需要先打印文档的奇数页，然后将打印好的纸张反面放入打印机，再打印文档的偶数页。操作方法如下：

以下面文档为例，单击左上角快速工具栏中的"打印"按钮。在弹出的"打印"对话框中找到打印选项，设置为"奇数页"。单击"确定"按钮，即可打印文档的奇数页，如图 7-8-1 所示。

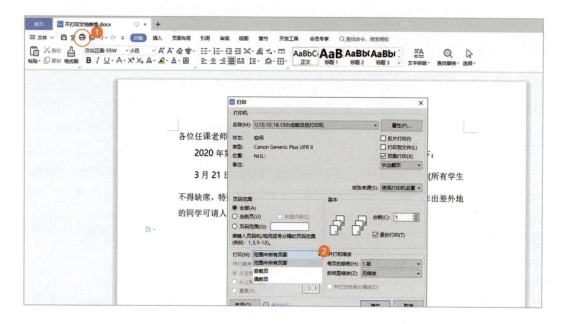

图 7-8-1 设置奇数页

同理,将选项设置为"偶数页"时就可以打印文档的偶数页了。如此一来,便可以先打印文档的奇数页,然后将纸张反面放入打印机后再打印文档的偶数页,实现手动双面打印。

第 8 章
高级图表制作技巧

1. 如何用盈亏图进行差异分析[1]

临近年终时，职场人常常要准备各式各样的数据汇报，在展示数据变化时，图表的视觉效果远强于纯数字表格。如何用盈亏图进行差异分析呢？

以销售表格为例。首先在 E 列建立一个示意图例，在 E2 单元格中输入公式"=D2"，将鼠标指针放在 E2 单元格右下角，呈十字形时下拉鼠标填充公式，如图 8-1-1 所示。

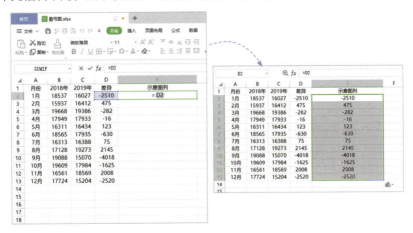

图 8-1-1　下拉鼠标填充公式

1　在微信公众号"WPS 学堂"中，回复数字"0023"可获取详细的视频教程。

选中 E 列数据区域，单击"开始"选项卡的"条件格式"按钮，在弹出的菜单中选择"新建规则"命令，如图 8-1-2 所示。

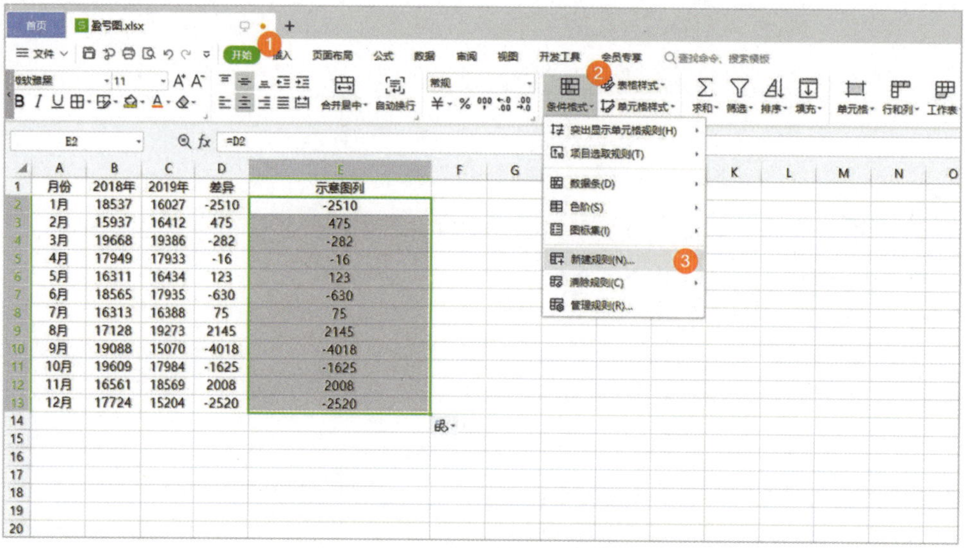

图 8-1-2　新建规则

在弹出的"新建格式规则"对话框中"基于各自值设置所有单元格的格式"栏下设置格式样式为"数据条"，勾选"仅显示数据条"复选框，设置条形图外观的填充颜色为蓝色，如图 8-1-3 所示。

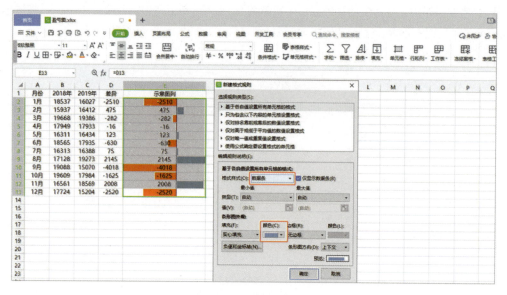

图 8-1-3　设置新建格式规则

接着在"新建格式规则"对话框中单击"负值与坐标轴"按钮，设置填充颜色，并在"坐标轴设置"栏中勾选"单元格中点值"单选按钮，如图 8-1-4 所示。单击"确定"按钮后，一个清晰、明了的盈亏图就设置完成了，如图 8-1-5 所示。

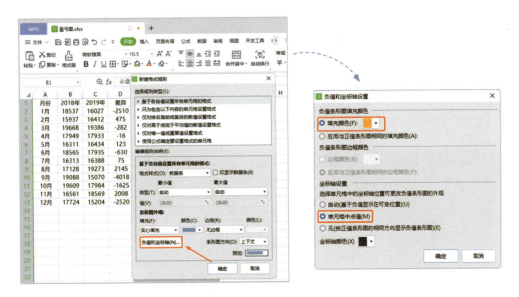

图 8-1-4　负值和坐标轴设置

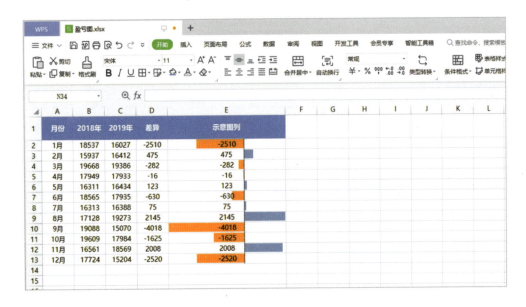

图 8-1-5　设置后的盈亏图

2. 旋风图图表让数据对比更清晰[1]

旋风图图表可以对比展示两种不同的数据，使我们能够更加直观地查看对比结果。下面将给大家讲解如何制作旋风图图表。

插入簇状条形图。以下面的数据表为例，选中数据，单击"插入"选项卡的"全部图表"按钮，在弹出的"插入图表"对话框中选择"条形图"命令，选择簇状条形图，如图 8-2-1 所示。

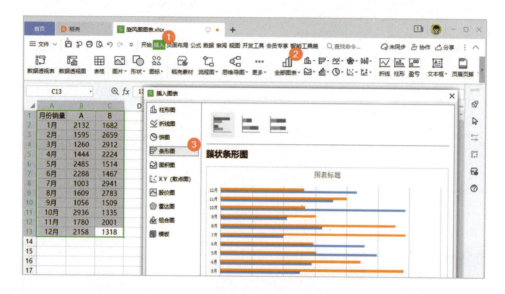

图 8-2-1　插入图表

更改系列设置。首先选中图表，单击"图表工具"选项卡的"图表元素"按钮，在弹出的菜单中选择"系列 B"命令，如图 8-2-2 所示。接着选中系列 B 图表区域，在图表上右击，在弹出的菜单中选择"设置数据系列格式"命令，在右侧侧边栏的系列选项中勾选"次坐标轴"单选按钮。然后调整分类间距为 70%，系列 A 也做同样的分类间距调整。

更改坐标轴设置。在横坐标轴上右击，在弹出的菜单中选择"设置坐标轴格式"命令。

在右侧的任务窗格中勾选"逆序刻度值"复选框，如图 8-2-3 所示。更改边界最小值为最大值的负数。底部横坐标轴也做相同设置。

---

[1] 在微信公众号"WPS 学堂"中，回复数字"0024"可获取详细的视频教程。

第 8 章 高级图表制作技巧

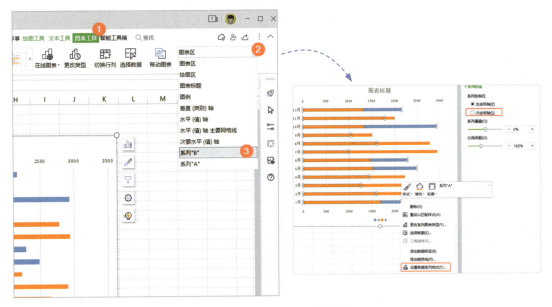

图 8-2-2　设置数据系列格式

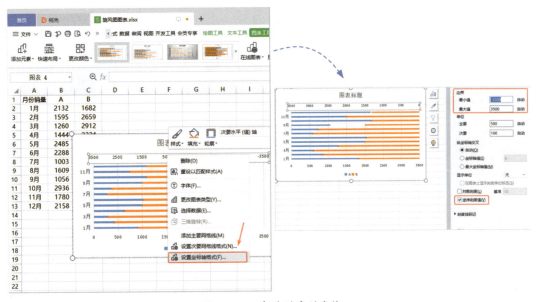

图 8-2-3　勾选逆序刻度值

设置坐标轴标签。在日期坐标轴上右击，在弹出的菜单中选择"设置坐标轴格式"命令，在"坐标轴选项"任务空格中单击"标签"按钮，在"标签位置"中设置为"低"，如图 8-2-4 所示。

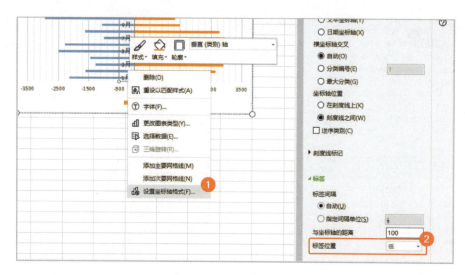

图 8-2-4 设置标签位置

至此，一个简单的旋风图图表就制作完成了，如图 8-2-5 所示。

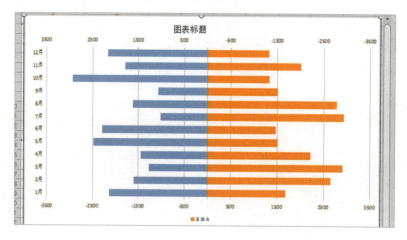

图 8-2-5 旋风图图表

3. 如何设置图表目标参考线[1]

在汇报年终数据时，有时需要对比各个月份数据是否达标。这时候就可以在图表中设置目标参考线，这样就可以很方便地分辨出各个月份数据是否达标。下面为大家讲解如何在图表中插入目标参考线。

---

[1] 在微信公众号"WPS学堂"中，回复数字"0025"可获取详细的视频教程。

首先,将 C 列设置为达标数据列,输入达标数据。选中所有数据,然后单击"插入"选项卡的"全部图表"按钮,在弹出的"图表"对话框中选择一款图表,例如选择"柱形图",如图 8-3-1 所示。

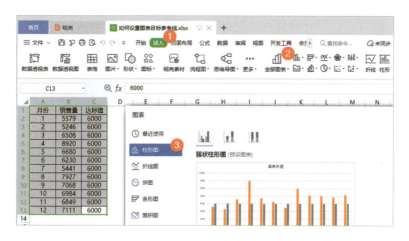

图 8-3-1　选择柱形图

在图表中的"达标"系列上右击,在弹出的菜单中选择"更改系列图表类型"命令,在"更改图表类型"对话框中选择"组合图"命令。将"达标值"设置为"折线图"并单击"确定"按钮,如图 8-3-2 所示。

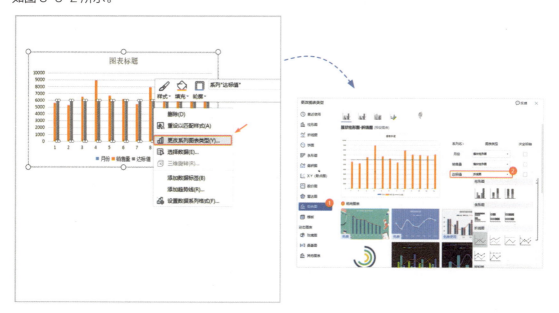

图 8-3-2　设置折线图

在"折线图"上右击,在弹出的菜单中选择"设置数据系列格式"命令。在右侧任务窗格中设置填充线条、修改宽度并将线条类型设置为"虚线",如图 8-3-3 所示。

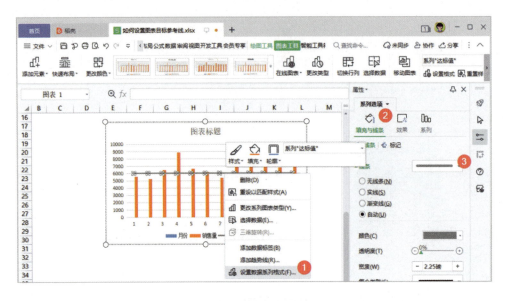

图 8-3-3 设置数据系列格式

这样就可以清晰显示出各个月份数据是否达标了,如图 8-3-4 所示。

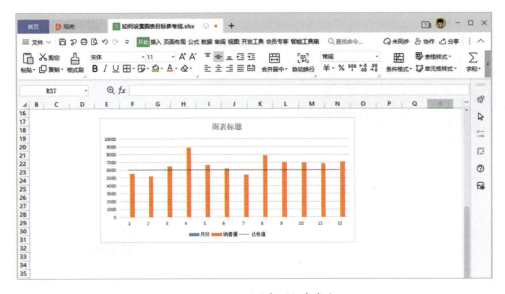

图 8-3-4 设置图表目标参考线

4. 设置不同颜色来展现数据是否达标[1]

下面介绍区分数据是否达标的另一种方法——将图表数据设置为不同颜色。以下面数据表为例，假设达标数据为 2000。首先插入两个辅助列，设置为达标列和未达标列。在达标列中输入公式=IF(B2>=2000,B2,0)。意思是若单元格 B2 数据大于或等于 2000，则返回本数据，否则返回 0。在未达标列中输入公式=IF(B2<2000,B2,0)。意思是若单元格 B2 数据小于 2000，则返回本数据，否则返回 0，如图 8-4-1 所示。

SUM　=IF(B2>=2000, B2, 0)

	A	B	C	D
1	月份	销售量	达标	未达标
2	1	=IF(B2>=2000,B2,0)		
3	2	2005	2005	0
4	3	2422	2422	0
5	4	2876	2876	0
6	5	2570	2570	0
7	6	1157	0	1157
8	7	1028	0	1028
9	8	2071	2071	0
10	9	2805	2805	0
11	10	1544	0	1544
12	11	2119	2119	0
13	12	2462	2462	0

达标列

A	B	C	D
月份	销售量	达标	未达标
1	1205	=IF(B2<2000,B2,0)	
2	2005	2005	0
3	2422	2422	0
4	2876	2876	0
5	2570	2570	0
6	1157	0	1157
7	1028	0	1028
8	2071	2071	0
9	2805	2805	0
10	1544	0	1544
11	2119	2119	0
12	2462	2462	0

未达标列

图 8-4-1　设置达标列和未达标列

选中数据区域（B 列、C 列、D 列），插入柱形图。单击“插入”选项卡的“全部图表”按钮，在“图表”对话框中选择“柱形图”命令。在图表上右击，在弹出的菜单中选择“选择数据”命令，如图 8-4-2 所示。

在“编辑数据源”对话框中，取消勾选“系列 1”复选框。此时，我们可以看到柱形图中的距离分布不均匀。在任意一个数据系列上右击，在弹出的菜单中选择“设置数据系列格式”命令，如图 8-4-3 所示。

1　在微信公众号“WPS 学堂”中，回复数字“0026”可获取详细的视频教程。

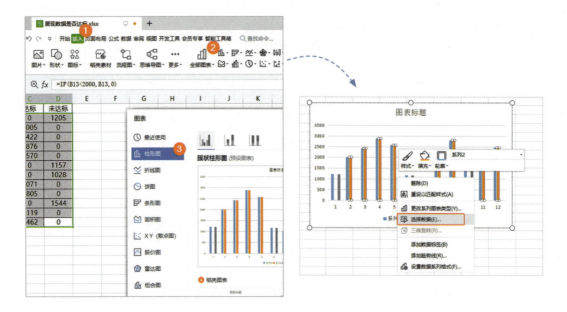

图 8-4-2 设置选择数据

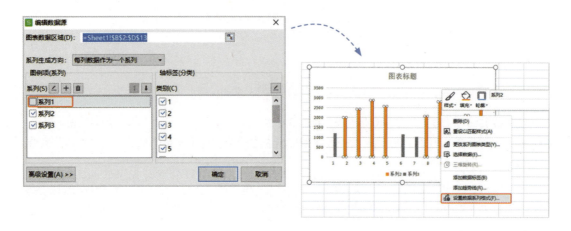

图 8-4-3 设置数据系列格式

在右侧"属性"任务窗格中的"系列重叠"栏中将数值设置为 100%，即可均匀分布，如图 8-4-4 所示。

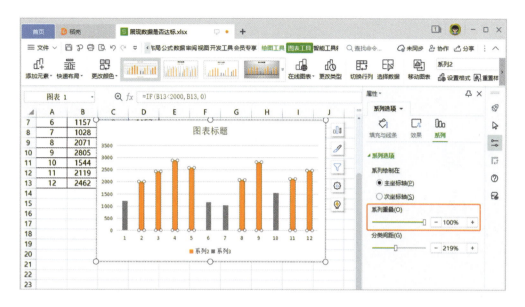

图 8-4-4　设置系列重叠

至此，达标数据和未达标数据分别用不同颜色进行显示，如图 8-4-5 所示。

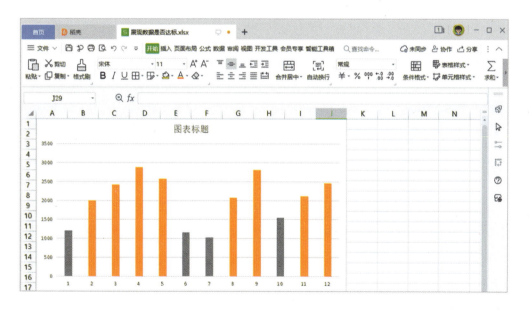

图 8-4-5　不同颜色显示

第 9 章
实用表格制作技巧

1. 内容布局调整[1]

在表格中输入数据时常常需要进行内容布局的调整，使得表格看起来更加清晰、专业。下面为大家介绍 3 个基础的内容布局调整。

添加序号

在表格中输入数据后，通常会在首列添加序号，让表格内容更方便查看。例如，在下方的报名统计表中，在首列添加一列"序号"。在 A2 单元格中输入数字 1，然后拖动右下角填充柄下拉即可自动填充序号，如图 9-1-1 所示。

---

[1] 在微信公众号"WPS 学堂"中，回复数字"0027"可获取详细的视频教程。

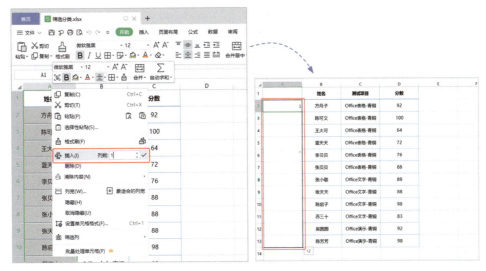

图 9-1-1　自动填充序号

添加边框

选中表格区域,单击"所有框线"按钮,即可一键添加四周边框,如图 9-1-2 所示。

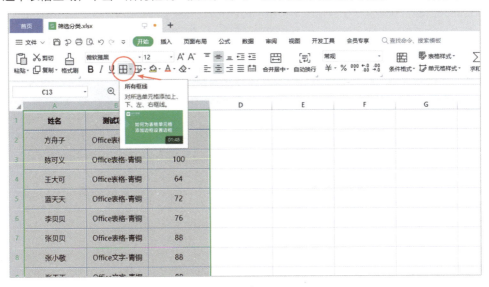

图 9-1-2　为表格添加边框

选中表格区域,按 Ctrl+1 组合键弹出"单元格格式"对话框,单击"边框"选项卡并在其中设置边框,调整边框线条、颜色。添加一个比内边框稍粗一些的外边框,如图 9-1-3 所示。

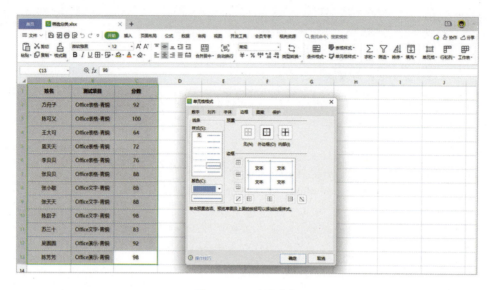

图 9-1-3 设置边框

添加标题

表格的大标题一般添加在小标题上方,所以可以先在小标题上方插入一行。在小标题所在行上右击,在弹出的菜单中选择"插入"命令并设置行数为 1,如图 9-1-4 所示。

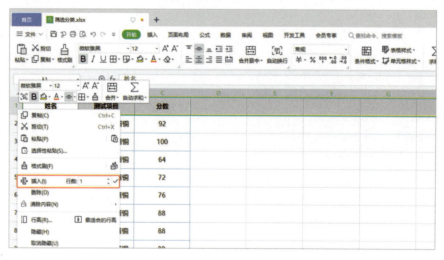

图 9-1-4 插入行

接着选中标题区域的单元格,单击"开始"选项卡的"合并居中"按钮,快速合并单元格并让标题处于居中位置。如图 9-1-5 所示,输入大标题"WPS 学院段位测试报名统计"后,表格看起来更为正式和美观。

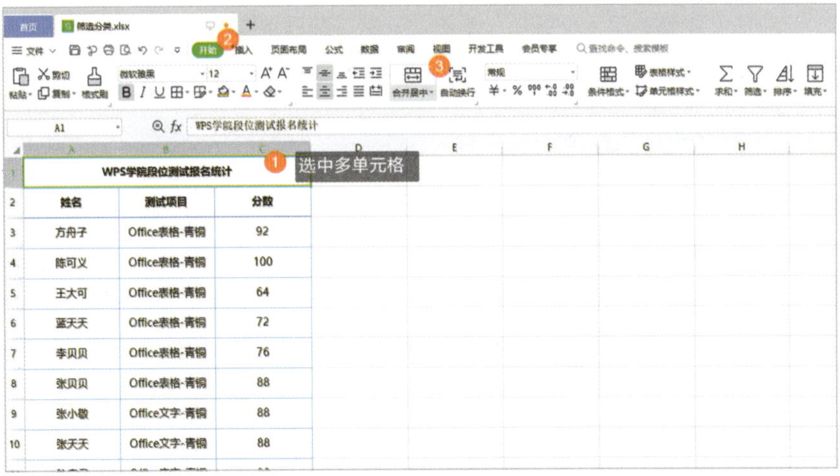

图 9-1-5 输入大标题

2. 一键调整行高、列宽[1]

调整行高、列宽是表格内容布局的必备技能。最基础的方法是：将鼠标指针定位到行号、列标边线上，拖动鼠标指针调整行高、列宽。但使用这种方式进行调整，表格很难做到行高、列宽完全统一，调整起来十分麻烦。

我们可以通过以下两种方法，一键调整相同的行高和列宽。

方法 1：单击一下单元格左上三角形图标，全选表格区域。此时任意拖动一个行高和列宽，整个表格的行高和列宽会进行同步调整，如图 9-2-1 所示。

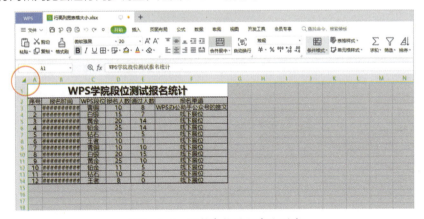

图 9-2-1 调整表格的行高和列宽

---

1 在微信公众号"WPS 学堂"中，回复数字"0028"可获取详细的视频教程。

方法 2：选中需要调整的单元格区域，单击"开始"选项卡的"行和列"按钮，分别设置行高或列宽，如图 9-2-2 所示。在弹出的对话框中输入数值。

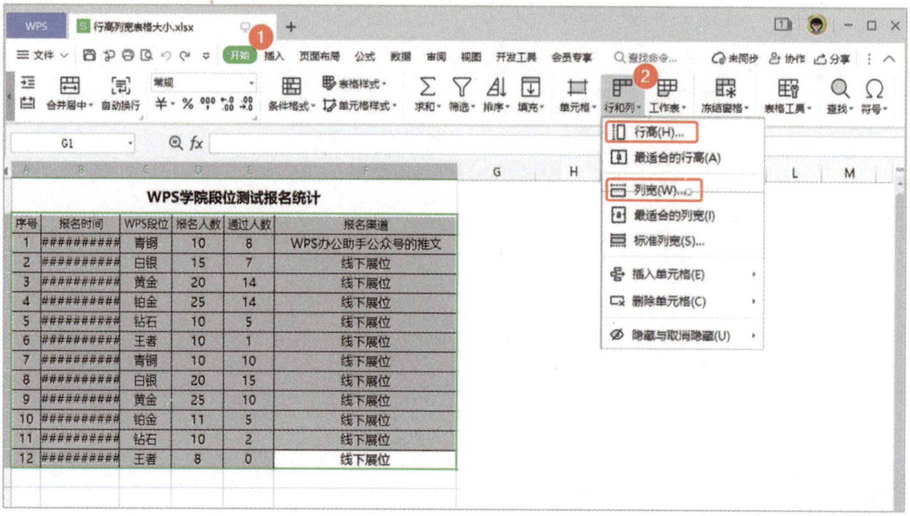

图 9-2-2　调整行高和列宽

当输入的数值大于单元格宽度的时候，可以双击列交叉处，可快速展开数据。双击列交叉处的作用是，为单元格内容显示最合适的列宽，既可以展开单元格，也可以缩小单元格，如图 9-2-3 所示。

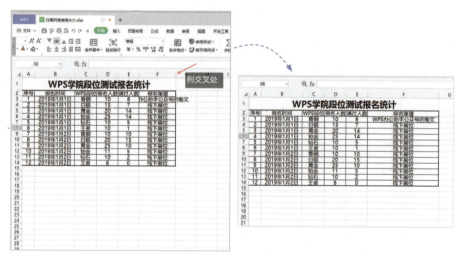

图 9-2-3　双击列交叉处调整列宽

当缩小列宽单元格后内容显示不完整，但展开单元格列宽后却超出打印范围时，则可以使用"自动换行"功能解决。选中单元格，单击"开始"选项卡的"自动换行"按钮，表格内的内容就会配合列宽自动换行了，如图 9-2-4 所示。

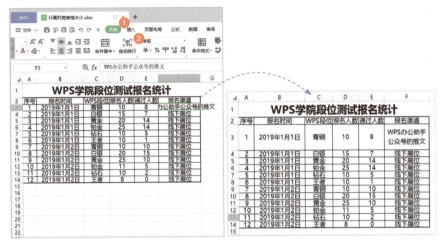

图 9-2-4　设置自动换行

3. 智能套用表格样式设计[1]

介绍完表格的内容布局调整后，接下来给大家介绍表格样式的设计方法。

设置表格样式的基础操作是：选中需要添加颜色的单元格区域，单击"开始"选项卡的"颜色填充"按钮。在弹出的菜单中选择一个颜色，单击一下即可填充，如图 9-3-1 所示。

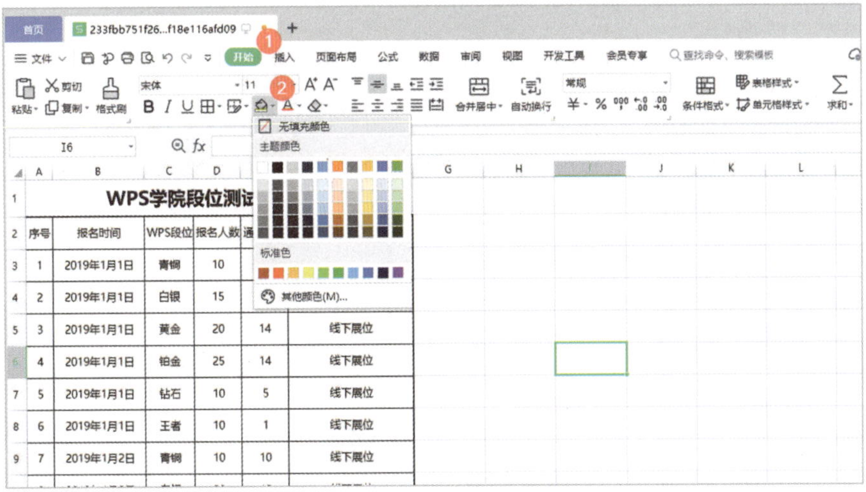

图 9-3-1　设置单元格颜色

---

[1] 在微信公众号"WPS 学堂"中，回复数字"0029"可获取详细的视频教程。

如果需要变更字体的颜色，那么在选中单元格后单击"字体颜色"下拉按钮，在弹出的菜单中选择字体颜色，如图 9-3-2 所示。

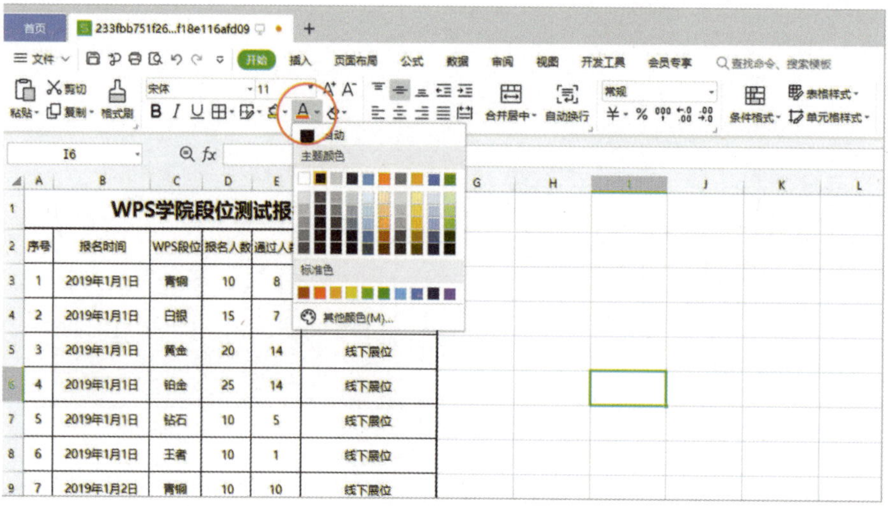

图 9-3-2　设置字体颜色

WPS 提供了多种表格样式，可以让表格快速套用格式。选中表格区域，单击"开始"选项卡的"表格样式"按钮，选择一个表格样式，然后在弹出的"套用表格样式"对话框中单击"确定"按钮，表格便套用了选中的预设样式，如图 9-3-3 所示。

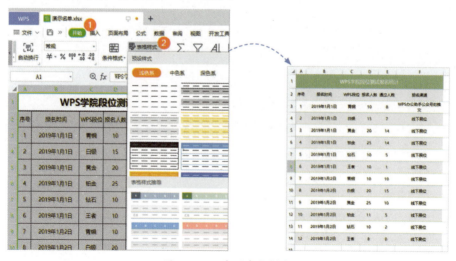

图 9-3-3　套用表格样式

选中表格区域后，按 Ctrl+T 组合键打开"创建表"对话框，也可以快速套用表格样式，如图 9-3-4 所示。

图 9-3-4 快速套用表格样式

表格旁边的单元格总有一些框线,看起来非常不整洁。其实这些框线是"网格线",你可以通过单击"视图"选项卡,再取消勾选"显示网格线"复选框进行隐藏,如图 9-3-5 所示。表格一下就整洁了很多!

图 9-3-5 隐藏网格线

4. 冻结窗格,看数据必备功能[1]

冻结窗格是一个非常实用的功能,能让你向下滑动表格时能始终固定显示表头。

---

[1] 在微信公众号"WPS 学堂"中,回复数字"0030"可获取详细的视频教程。

通常表格的第一行或第一列为标题，所以比较常用到的是冻结首行、冻结首列功能。具体操作方法是：单击"视图"选项卡的"冻结窗格"按钮，在弹出的菜单中选择"冻结首行"命令（或"冻结首列"命令），如图 9-4-1 所示。

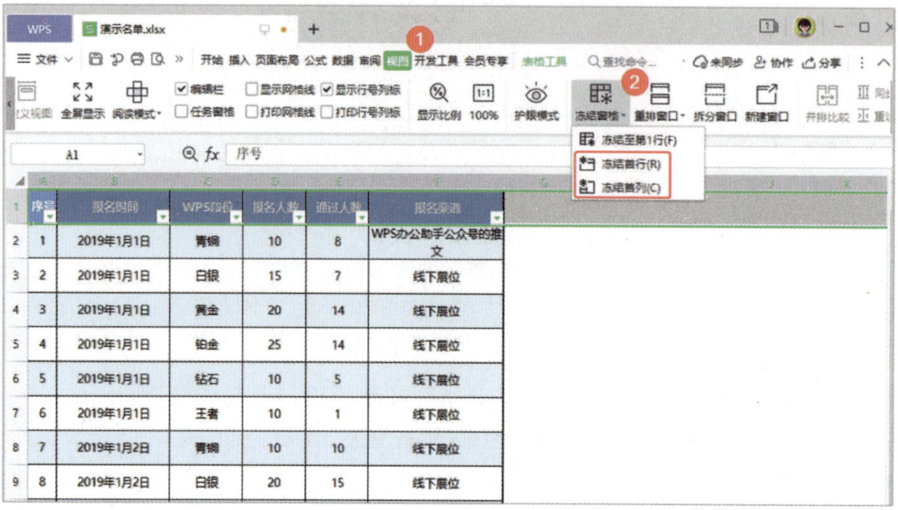

图 9-4-1 冻结首行和冻结首列

此时再滚动表格页面，就会发现第一行数据被固定在页面中了，方便我们查看数据。冻结首列的方法与冻结首行的方法基本相同，仅在最后一步更改选择"冻结首列"即可。

取消冻结的方法是，单击"视图"选项卡的"冻结窗格"按钮，在弹出的菜单中选择"取消冻结窗格"命令，如图 9-4-2 所示。

图 9-4-2 取消冻结窗格

如果想要冻结具体的某行、某列，那么可先选中某个单元格，此时在冻结窗格中就可以看到"冻结至第某行某列"命令。如图 9-4-3 所示，选中 C2 单元格后，单击"冻结窗格"按钮，在弹出的菜单中选择"冻结至第 1 行 B 列"命令。

图 9-4-3　冻结具体单元格

5. 斜线表头展示项目名称[1]

在制作表格的时候，会遇到需要插入"斜线表头"的情况。例如，要统计每位报名者办公软件操作的测试得分。在表格的首行添加"姓名"和"得分"小标题。这个时候就可以添加"斜线表头"了。具体操作方法如下：

在需要插入斜线的单元格上右击，在弹出的菜单中选择"设置单元格格式"命令，在弹出的"单元格格式"对话框中单击"边框"选项卡。在边框预览的四周有一些小按钮可以快速添加边框。如单击"斜线"按钮，再单击"确定"按钮，如图 9-5-1 所示。

此时在单元格中输入"姓名""得分"，然后利用空格调整位置即可，如图 9-5-2 所示。

---

[1] 在微信公众号"WPS 学堂"中，回复数字"0031"可获取详细的视频教程。

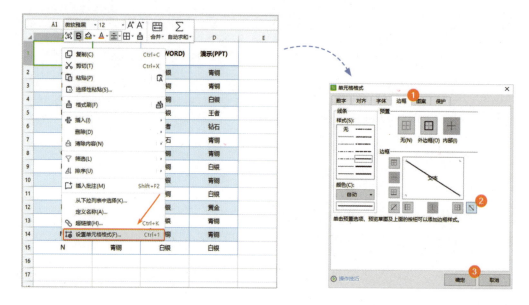

图 9-5-1 选中斜线

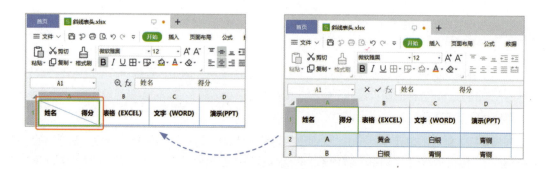

图 9-5-2 利用空格调整位置

6. 快速分列数据秒整理[1]

在"联系方式"工作表中,我们对输入的数据还未进行分类。若要将其分类为:名单、手机号码、性别,该如何操作呢?

首先选中一个单元格,然后按 Ctrl+A 组合键全选表格内容。单击"数据"选项卡的"分列"按钮,在弹出的菜单中选择"分列"命令,如图 9-6-1 所示。

---

[1] 在微信公众号"WPS 学堂"中,回复数字"0032"可获取详细的视频教程。

第 9 章 实用表格制作技巧

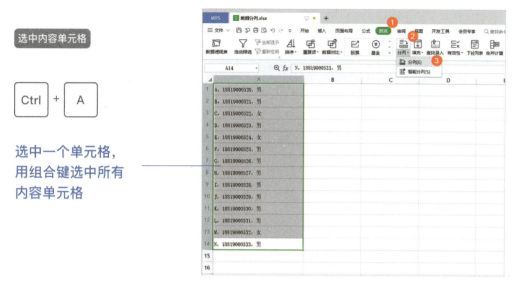

图 9-6-1 选择分列

在"文本分列向导"对话框中勾选"分隔符号"单选按钮,单击"下一步"按钮,然后在分隔符号的"其他"输入框中输入分隔符号。再单击"下一步"按钮,设置完成后单击"完成"按钮,如图 9-6-2 所示。

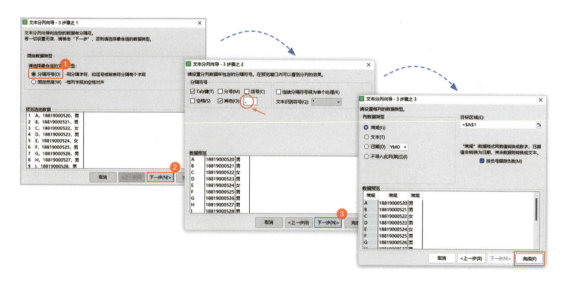

图 9-6-2 设置文本分列向导

需要注意的是,此处默认选项的逗号是半角输入法下的逗号,即英文字符中的逗号。如果输入数据时,使用的是全角逗号(也叫中文逗号),则需要在"其他"输入框中输入中文逗号。

设置完成后,马上便能实现数据分列,如图 9-6-3 所示。

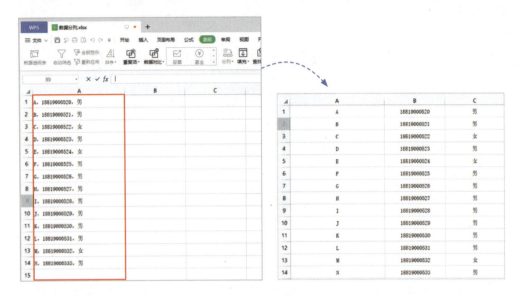

图 9-6-3　数据分列

在表格首行插入一行作为标题,输入"姓名""手机号码""性别"后,表格就整理好了,如图 9-6-4 所示。

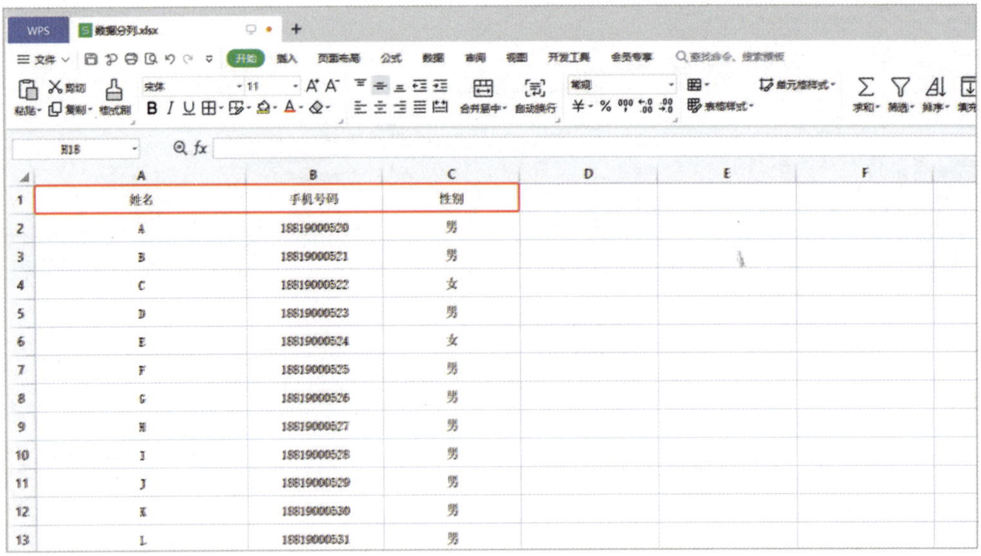

图 9-6-4　完成表格

7. 横排转竖排，数据更清晰[1]

有些表格中的数据采用竖排，查看时会更方便。若要将"段位名单"中的数据切换为竖排，该如何操作呢？

首先，全选表格内容并进行复制。在需要存放数据的 E1 单元格上右击，在弹出的菜单中选择"选择性粘贴"-"粘贴内容转置"命令，如图 9-7-1 所示。

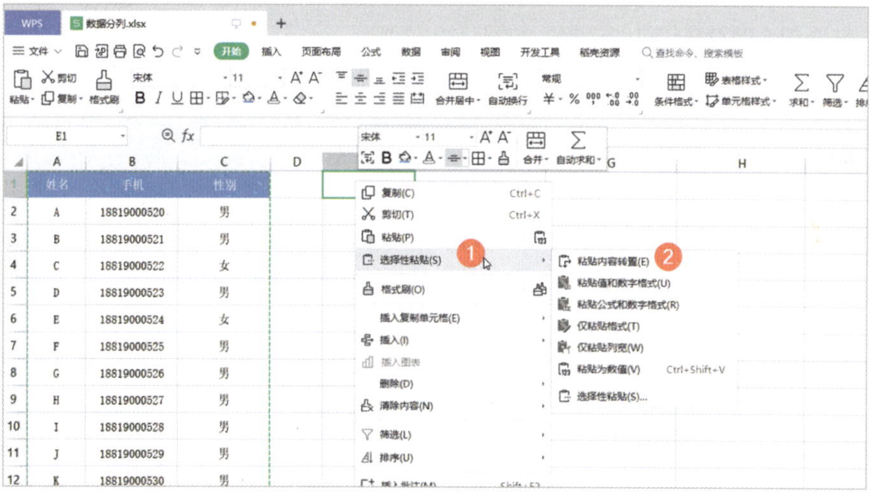

图 9-7-1　粘贴内容转置

操作完成后，横排数据就可以转换成竖排显示了，如图 9-7-2 所示。

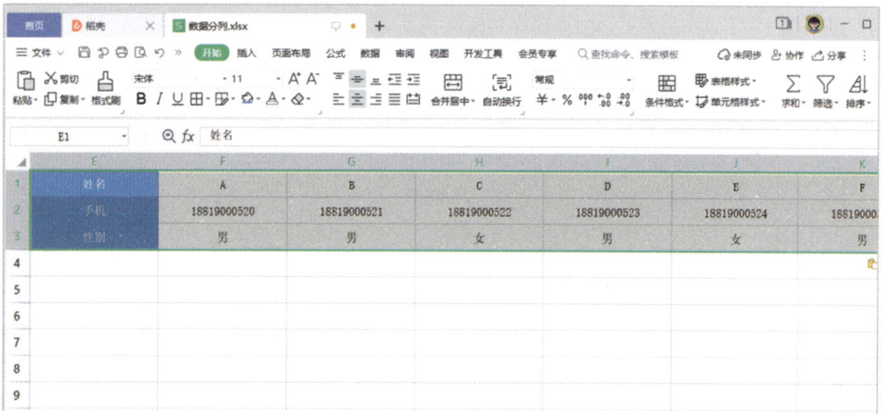

图 9-7-2　竖排显示

---

[1] 在微信公众号"WPS 学堂"中，回复数字"0033"可获取详细的视频教程。

此时，再删除原数据列，表格就调整好了。

8. 如何批量删除表格空白行[1]

当遇到表格中的空白行时，你还在一个一个删除吗？使用下面的快捷操作，就能一次删除表格内的所有空白行。

方法 1：使用"定位"工具。

按 Ctrl+G 组合键打开定位对话框。如图 9-8-1 所示。

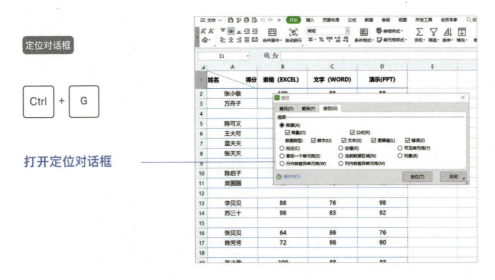

图 9-8-1　快速打开定位对话框

在定位对话框中勾选"空值"单选按钮，单击"定位"按钮后，可以看到表格中的所有空白行就都被选中了。然后在选中单元格上右击，在弹出的菜单中选择"删除"-"整行"命令，如图 9-8-2 所示。

---

[1] 在微信公众号"WPS 学堂"中，回复数字"0034"可获取详细的视频教程。

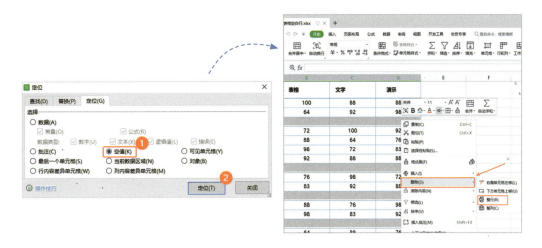

图 9-8-2 设置删除空白行

方法 2：当表格内既有空行又有空白单元格时，使用上述的定位方法会导致数据出错，这时可以使用 COUNTA 函数。

在表格右侧新建一列辅助列，单击 C2 单元格，然后在"名称框"中输入"C2:C47"，按 Enter 键选中数据列，如 9-8-3 所示。

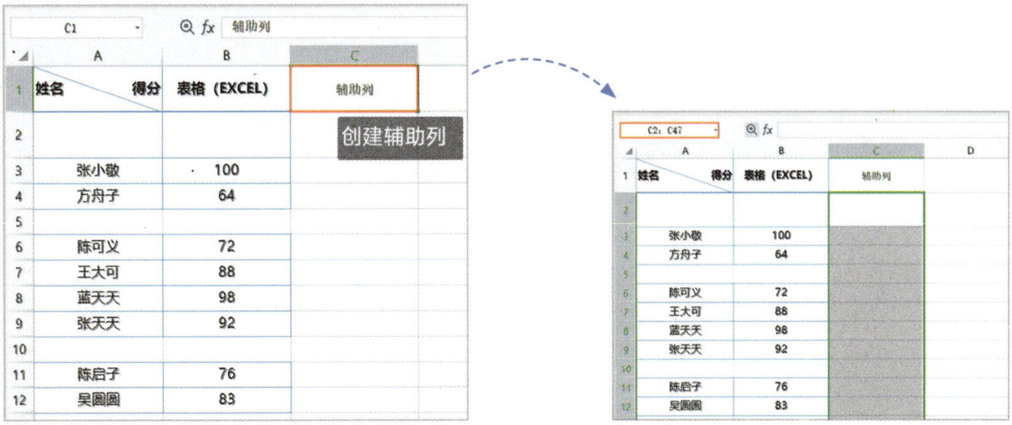

图 9-8-3 设置辅助列

在公式栏中输入"=COUNTA(A2:B2)"，然后按 Ctrl+Enter 组合键进行全部填充，如图 9-8-4 所示。

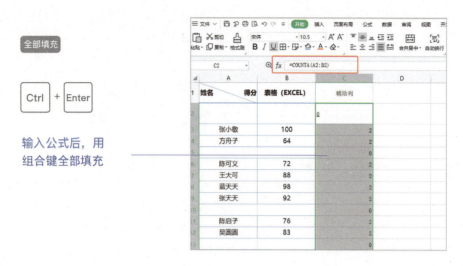

图 9-8-4　全部填充

单击"开始"选项卡的"筛选"按钮,将数值为 0 的行筛选出来后,在选中的单元格上右击,在弹出的菜单中选择"删除"命令,如图 9-8-5 所示。

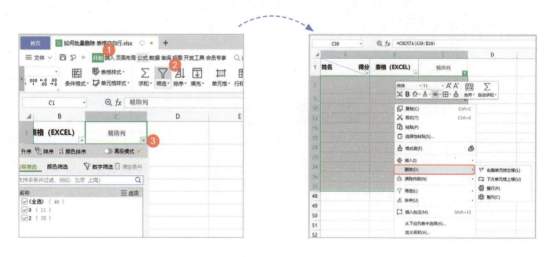

图 9-8-5　筛选并删除空白行

第 10 章
实用表格打印技巧

1. 如何为多页打印的表格加上标题和页码[1]

在工作中经常会遇到这个问题,当需要分多页打印表格时,非首页的表格若没有设置标题行,就不清楚每一列数据代表着什么。那么如何才能设置打印标题行呢?

以下面的表格为例,单击"页面布局"选项卡的"打印标题"按钮。在弹出的"页面设置"对话框中单击"工作表"选项卡,在"打印标题"栏的"顶端标题行"的输入框中输入始终需要打印标题的区域,如图 10-1-1 所示。

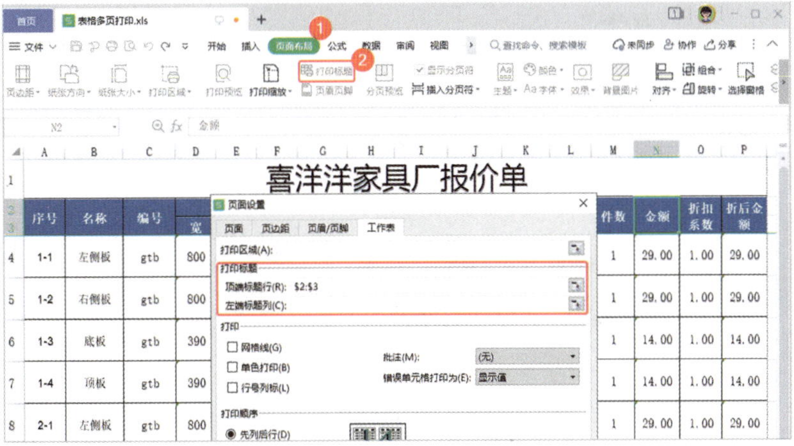

图 10-1-1 设置打印标题

---

[1] 在微信公众号"WPS 学堂"中,回复数字"0035"可获取详细的视频教程。

接下来再设置页脚,在"页面设置"对话框中单击"页眉/页脚"选项卡,在"页脚"中选择"第 1 页,共 ? 页"选项,选好后单击"确定"按钮。此时在打印预览中看一下,每一页都显示出了标题行和页码,如图 10-1-2 所示。

图 10-1-2 设置页脚

如果想要打印出来的每张表格都包含列标题,那么单击"页面布局"选项卡的"打印标题"按钮,在弹出的"页面设置"对话框中单击"工作表"选项卡,再在"左端标题列"的输入框中输入要打印的标题列,如图 10-1-3 所示。

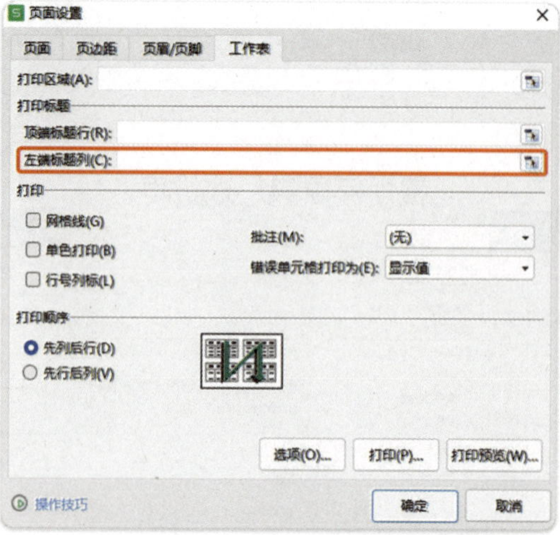

图 10-1-3 设置左端标题列

2. 如何将多页表格打印到一页中[1]

若表格内容太多分成了两页,那么想将它打印在同一页,该如何调整呢?

单击"页面布局"选项卡的"打印缩放"按钮,在弹出的菜单中选择"将整个工作表打印在一页"命令,如图 10-2-1 所示。在打印预览中可以看到打印效果。

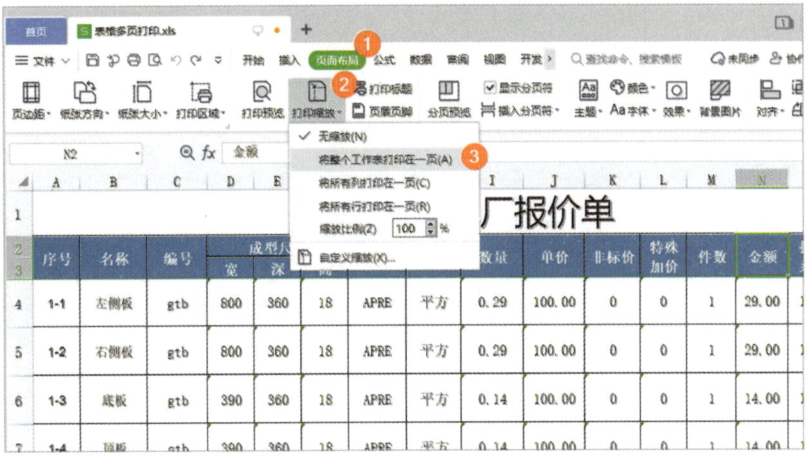

图 10-2-1 设置打印缩放

此时还可以单击"打印预览"选项卡的"页边距"按钮,调整打印页面的页边距,让表格更美观,如图 10-2-2 所示。

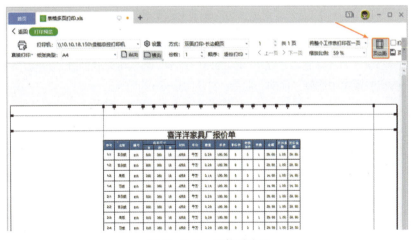

图 10-2-2 调整页边距

---

1 在微信公众号"WPS学堂"中,回复数字"0036"可获取详细的视频教程。

3. 如何将打印的表格充满整张纸[1]

在打印表格时，有时会遇到表格四边留有空白的情况。你可以通过以下方法将表格充满整张纸并且不会改变表格的原始比例。

首先，设置纸张大小。单击"页面布局"选项卡的"纸张大小"按钮，在弹出的菜单中选择要设置的纸张大小。例如，这里选择 A4 纸，如图 10-3-1 所示。

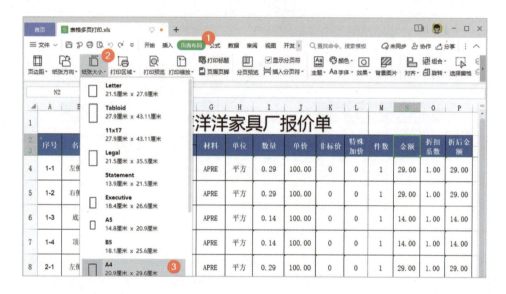

图 10-3-1　设置纸张大小

再单击"页面布局"选项卡的"页边距"按钮，在"页面设置"对话框中将上、下、左、右，以及页眉、页脚都设置为 0。若表格在纵向页面留白过多，那么可以调整纸张方向，单击"纸张方向"按钮，在弹出的菜单中选择"横向"命令，如图 10-3-2 所示。

完成以上设置后，单击快速访问工具栏的"打印预览"按钮。此时可以看到表格充满了整张纸并且没有改变表格的原始比例，如图 10-3-3 所示。

1　在微信公众号"WPS 学堂"中，回复数字"0037"可获取详细的视频教程。

第 10 章　实用表格打印技巧　　111

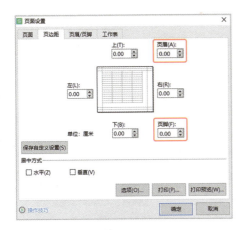

页边距调整

纸张方向调整

图 10-3-2　调整页边距和纸张方向

图 10-3-3　打印预览

4．如何打印表格的行号、列标[1]

当需要打印表格时，软件默认为不打印行号、列标。但通过以下方法设置后，行号和列标便可以打印出来了。

以下面表格为例，选中工作表，单击"页面布局"选项卡的"打印标题"按钮。在弹出的"页

1　在微信公众号"WPS 学堂"中，回复数字"0038"可获取详细的视频教程。

面设置"对话框中,单击"工作表"选项卡,在打印区域中勾选"网格线"和"行号列标"复选框,如图 10-4-1 所示。

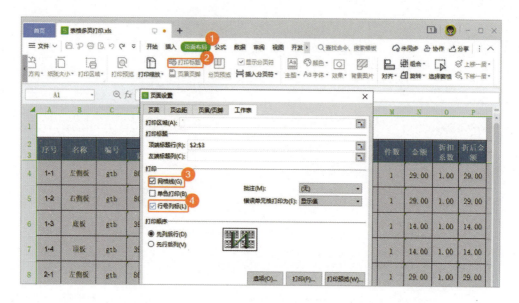

图 10-4-1　勾选"网格线"和"行号列标"复选框

完成以上设置后,单击快速访问工具栏的"打印预览"按钮就可以看到行号、列标显示出来了,如图 10-4-2 所示。

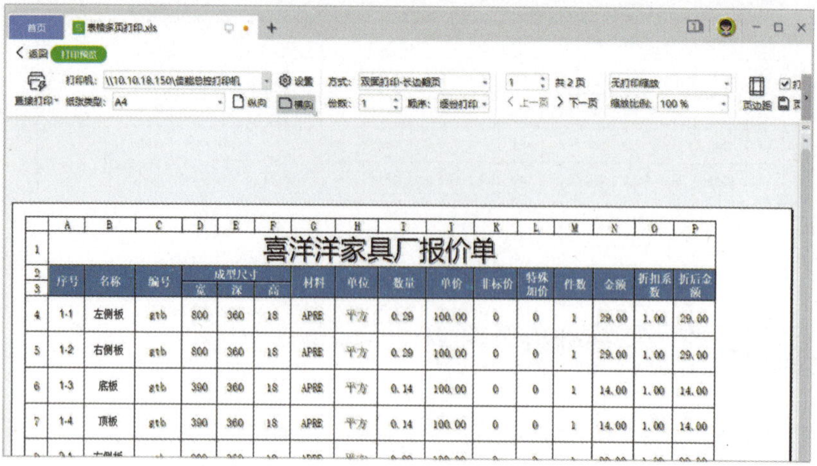

图 10-4-2　打印预览

5. 如何解决打印表格显示内容不完整的问题[1]

在打印表格时，有时会出现打印表格显示不完整的问题。遇到这样的问题，可以通过以下 4 种方法进行处理。

方法 1：取消打印区域。

打印表格显示不完整，有可能是因为设置了固定的打印区域，导致打印表格时，只打印所选择的区域。遇到这样的情况时，单击"页面布局"选项卡的"打印区域"按钮，在弹出的菜单中选择"取消打印区域"命令，如图 10-5-1 所示。

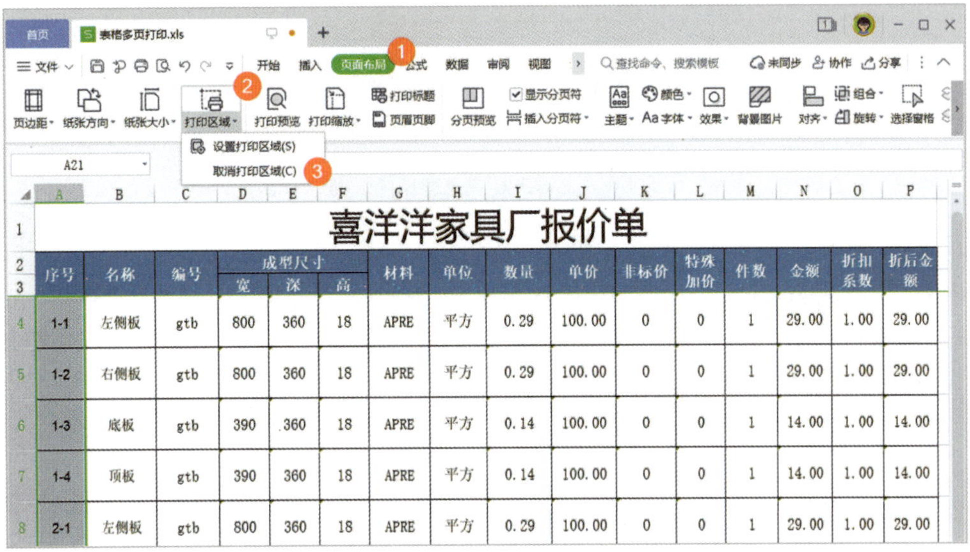

图 10-5-1　取消打印区域

方法 2：更改分页设置。

单击"页面布局"选项卡的"分页预览"按钮。开启"分页预览"功能后，可以看到蓝色的打印线，将需要打印的内容拖动至蓝色打印线内，如图 10-5-2 所示。

1　在微信公众号"WPS 学堂"中，回复数字"0039"可获取详细的视频教程。

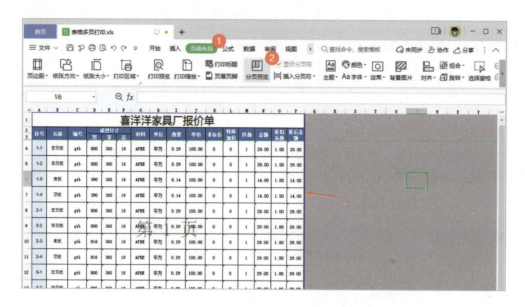

图 10-5-2 开启"分页预览"功能

方法 3：调整打印页边距或缩放比例。

单击左上角快速访问工具栏的"打印预览"按钮。在打印预览界面中，单击"页边距"按钮，此时打印表格的预览界面会出现页边距线，拖动页边距线即可修改页边距。也可单击"缩放比例"按钮，选择缩放的比例，如图 10-5-3 所示。

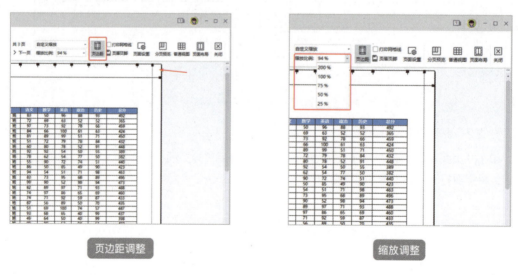

图 10-5-3 调整页边距、缩放比例

方法 4：调整表格中的文本内容显示。

打印的表格显示不完整，也有可能是因为表格中要展示的文本内容过多造成的，如图 10-5-4 所示。

图 10-5-4　表格显示不完整

以下面的表格为例，要想展示表格中被压缩、隐藏的文本内容，可以通过更改行高、列宽（简称"列框"）调整文本内容显示，或者使用"自动换行"功能调整文本内容显示，让文本内容完整地显示在表格中，如图 10-5-5 所示。

列框调整

自动换行

图 10-5-5　调整文本内容显示

6. 如何打印表格中的指定页[1]

当只需打印表格中的指定页时，可以通过以下方法实现。

以成绩单为例，单击左上角快速访问工具栏的"打印预览"按钮，可以看到此成绩单共 3 页，那如何单独打印此表格的第二页呢？

方法是，单击左上角快速访问工具栏的"打印"按钮，或者使用 Ctrl+P 组合键快速调出此功能。在弹出的"打印"对话框的"页码范围"栏中勾选"页"单选按钮，范围设置为"从 2 到 2"。在"打印内容"栏中勾选"选定工作表"单选按钮，如图 10-6-1 所示。单击"确定"按钮，这样就可以单独打印此表格的第二页了。

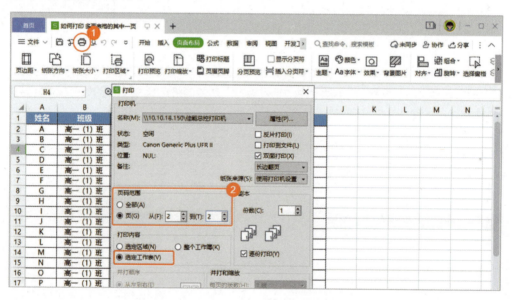

图 10-6-1　打印表格中的指定页

7. 如何将表格居中打印[2]

在打印预览时，如果表格没有在页面中间，那么可以使用"页面设置"功能进行调整。

以下面表格为例，单击"页面布局"选项卡的"打印预览"按钮。在打印预览界面中，单击"页面设置"按钮，在弹出的"页面设置"对话框中单击"页边距"选项卡，在"居中方式"栏中勾选

1　在微信公众号"WPS 学堂"中，回复数字"0040"可获取详细的视频教程。
2　在微信公众号"WPS 学堂"中，回复数字"0041"可获取详细的视频教程。

"水平"复选框,这样表格就会在页面的水平居中位置显示了,如图 10-7-1 所示。

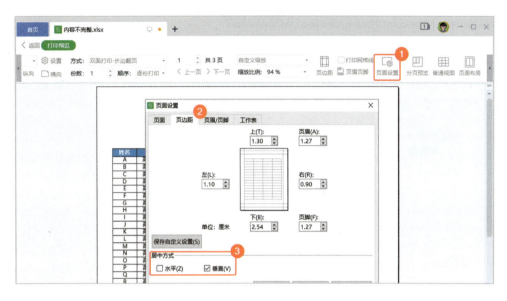

图 10-7-1　设置居中打印

也可以在表格上方单击"页面布局"选项卡的"页边距"按钮,在弹出的菜单中选择"自定义页边距"命令,如图 10-7-2 所示。在弹出的"页面设置"对话框中根据情况手动设置页面边距的数值,使表格显示在页面居中的位置。

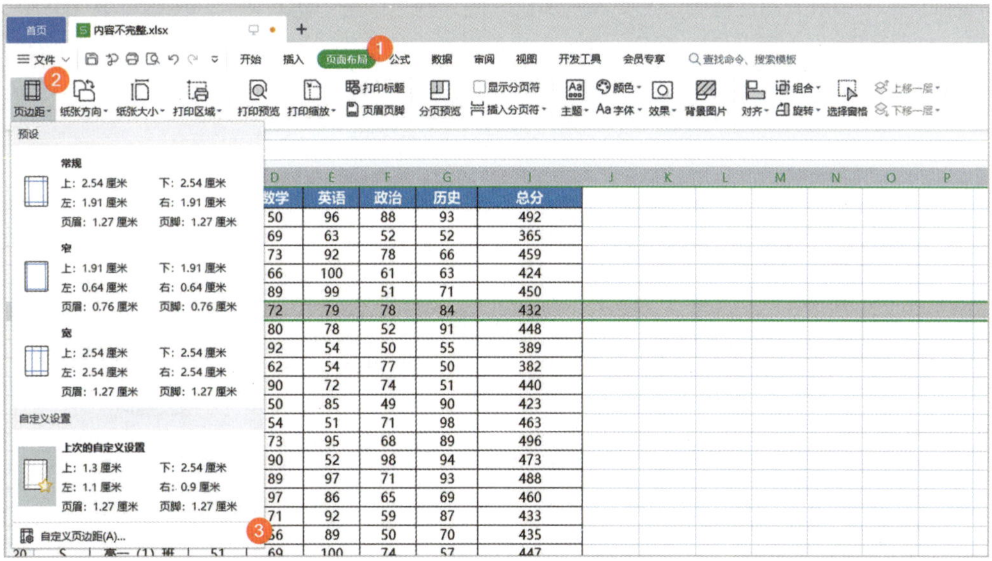

图 10-7-2　自定义页边距

8. 打印表格时如何在页眉添加 Logo[1]

在打印表格时，有时需要在打印页的页眉处添加 Logo。那么该如何添加 Logo 呢？

以下面表格为例，单击快速工具栏的"打印预览"－"页面设置"按钮，在"页面设置"对话框中单击"页眉/页脚"选项卡的"自定义页眉"按钮，如图 10-8-1 所示。

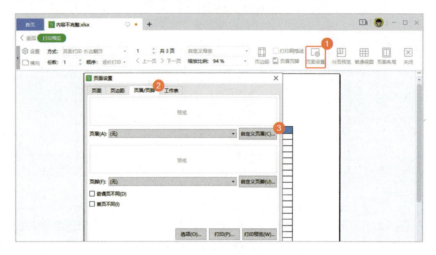

图 10-8-1　页面设置

在弹出的"页眉"对话框中添加文本、页码、图片等。单击"插入图片"按钮（图 10-8-2 中编号 1 标注处），可将图片插入页眉。然后将光标放在编辑框中，单击"设置图片格式"按钮（图 10-8-2 中编号 2 标注处），在弹出的对话框中可以设置图片格式。

图 10-8-2　添加 Logo

1　在微信公众号"WPS 学堂"中，回复数字"0042"可获取详细的视频教程。

单击"确定"按钮后，此时再打印表格，表格的页眉处可显示添加的 Logo，如图 10-8-3 所示。

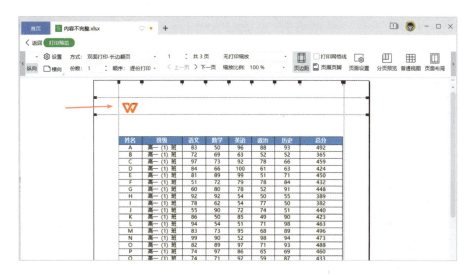

图 10-8-3　显示添加的 Logo

9. 如何解决表格中字号显示过小问题[1]

在打印表格的过程中，有时表格中的字号大小设置正常，但是打印出来却显示很小，遇到这样的问题可通过以下方法解决。

打印的表格字号小，有可能是因为设置了缩放比例。单击"页面布局"选项卡的"打印缩放"按钮，在弹出的菜单中选择"无缩放"命令，如图 10-9-1 所示。设置后即可正常显示。

另外一种情况可能是因为显示比例设置过大，而原表格中的字号仅为表格显示的视觉效果。以下表为例，单击下方状态栏的"显示比例"按钮，将其调整为 100%，设置后就可以显示正常的表格比例了，如图 10-9-2 所示。

---

[1] 在微信公众号"WPS 学堂"中，回复数字"0043"可获取详细的视频教程。

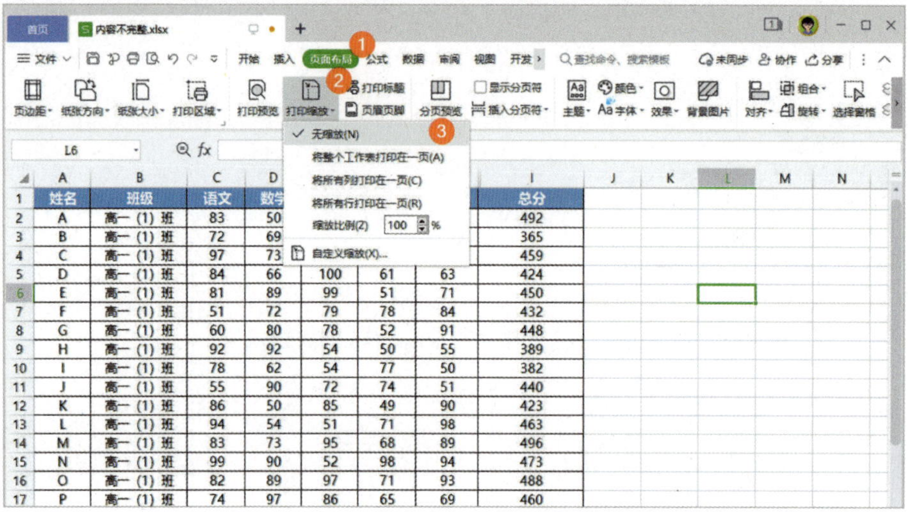

图 10-9-1　设置打印缩放

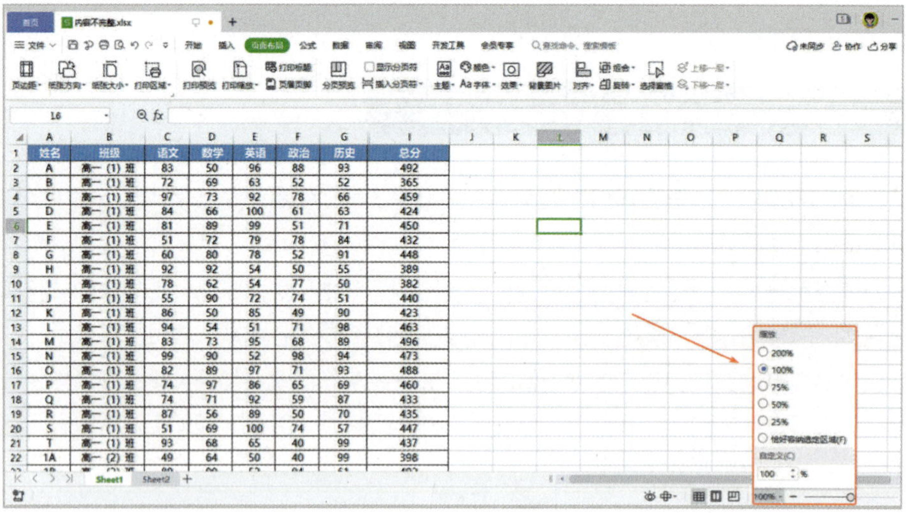

图 10-9-2　设置比例缩放

除了以上两种情况，还有一种可能是因为表格中的字号本身设置得就小。在这种情况下，在"字号"设置处将字号调大就可以了。

第 11 章
高级演示文稿的演示技巧

1. 如何快速整理演示文稿的汇报框架[1]

使用演示文稿做工作汇报可以帮助大家形象地复盘、整理一段时间内的工作成果。那么如何制作一份优秀的年终汇报演示文稿呢?

首先,清晰明了、有条理的框架结构必不可少。以年终汇报演示文稿为例,常规的汇报包含了对上一阶段工作的总结、工作中取得的成绩、存在的问题及解决措施,以及对下一阶段工作的计划,如图 11-1-1 所示。

图 11-1-1 年终汇报的内容

---

1 在微信公众号"WPS 学堂"中,回复数字"0044"可获取详细的视频教程。

围绕"工作总结"展开论点，根据论点补充论据，从而使整个演示文稿的结构更加完整、清晰，如图 11-1-2 所示。

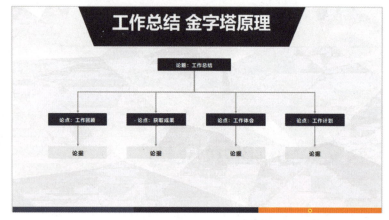

图 11-1-2　金字塔原理

首先，中心主题为年终总结报告的标题。

第 1 个子主题为工作回顾，若内容较多可以在子主题中添加分支，使内容清晰明了。

第 2 个子主题为获取成果，根据工作内容进行成果总结。

第 3 个子主题为工作体会，针对第 2 个子主题的成果，总结经验并提出存在的问题和需要改进的地方。

第 4 个子主题为工作计划，通过总结对自己拥有全面认知，根据现状与未来趋势进行客观分析，对来年工作做出全面计划。

在制作演示文稿前，可以使用思维导图（脑图）建立框架结构，如图 11-1-3 所示。

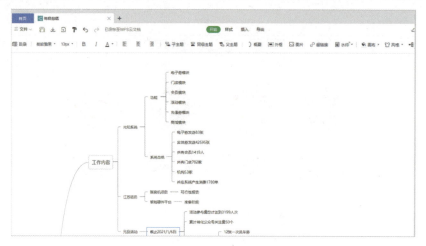

图 11-1-3　思维导图

此外，在思维导图制作完成后还可以使用 WPS 中的"脑图 PPT"功能，单击"脑图 PPT"按钮可一键将思维导图转换为演示文稿，如图 11-1-4 所示。[1]

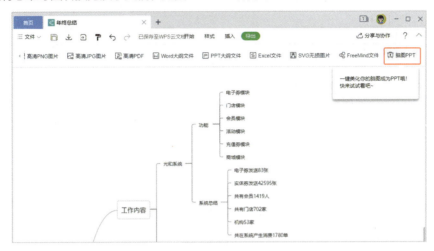

图 11-1-4　思维导图转演示文稿

2. 文字和配色[2]

在制作汇报演示文稿时有两个重要元素——文字和配色，要特别考虑。

对演示文稿的文字进行排版时，要确保内容足够精简。例如，在下面的示例中，左边演示文稿中的文字过多，让人找不到重点。而在减少修饰语、保留核心内容后，右边演示文稿中的内容让人一目了然，如图 11-2-1 所示。

图 11-2-1　演示文稿中的文字

1　在微信公众号"WPS 学堂"中，回复数字"0045"可获取详细的视频教程。
2　在微信公众号"WPS 学堂"中，回复数字"0046"可获取详细的视频教程。

若想突出强调某部分内容则可以通过改变颜色、字号的方式，突出所需内容。也可以善用图标，增加图形化表达，促使内容更加形象化，如图 11-2-2 所示。

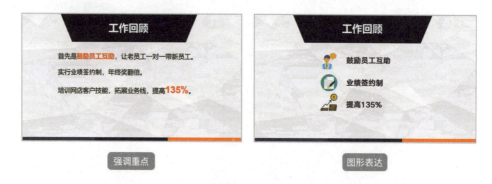

图 11-2-2　改变字体颜色或添加图标强调重点

对需要数据说明的地方，则可以通过添加图表进行展示，突出重点数据，如图 11-2-3 所示。

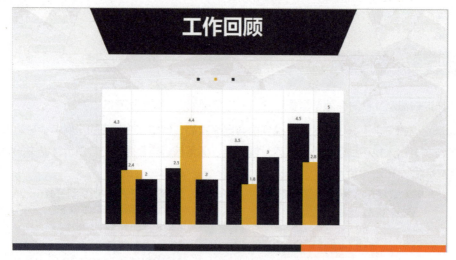

图 11-2-3　用图表强调重点数据

不同的配色代表不同主题。需要注意的是，在一份演示文稿中配色不宜过多，一般控制在 3 种颜色以内。选择一种颜色为主色调，利用其对比色进行强调，突出重点。

3. 素材处理

本小节将介绍 4 个实用的图片处理技巧，让演示文稿中的图片展示更加美观。

技巧 1：告别图片颜色杂乱。

如果想用图片作为演示文稿的背景，那么就尽量不要用内容太杂乱的图片，因为这会影响文字信息的展示。但如果手上只有像图 11-3-1 这种略显"杂乱"的图片时，则可以通过灰度效果进行改善。

图 11-3-1　略显杂乱的图片

单击"图片工具"选项卡中的"色彩"按钮，在弹出的菜单中选择"灰度"命令，如图 11-3-2 所示。至此，图片便会呈现灰度效果。

图 11-3-2　设置灰度效果

如果还是觉得不满意，那么可以再添加文字蒙版，以便进一步弱化图片的"杂乱"感，如图 11-3-3 所示。

图 11-3-3　添加文字蒙版

通过上述设置后，可以明显感觉到这样的设置降低了图片对于其他信息的干扰。无论是更改色调还是增加蒙版，设置思路都是要让观众的目光焦点从图片上移开，转而集中到内容信息上。这就是"藏拙"的技巧。

技巧 2：解决图片不对称问题。

对称的图片会有一种秩序美感，所以在很多情况下，多数人都会优先选择对称的图片作为素材。但合适的对称图片并不是那么容易找到的。例如，如果觉得图 11-3-4 中左边的自行车影响了图片，那么该怎么做呢？

图 11-3-4　影响图片效果的自行车

此时，可以用 WPS 中的"裁剪"和"翻转"功能制作出一张对称的图片。操作方法是，选中图片，在弹出的浮动工具栏中单击"裁剪"按钮，如图 11-3-5 所示。

图 11-3-5　单击"裁剪"按钮

对裁剪后的图片进行复制,然后单击"旋转"按钮,在弹出的菜单中选择"水平翻转"命令即可得到两张对称的图片。将两张图片拼接在一起后得到一张完美对称的图片,如图 11-3-6 所示。

得到一张完美对称的图片

图 11-3-6　设置水平翻转

用这种方法制作的对称图片在拼接处可能会有小瑕疵,因此建议在图片上添加一个半透明的蒙版并配上文案,尽量让观众忽略图片中的细节问题,如图 11-3-7 所示。

图 11-3-7　添加一个半透明的蒙版并配上文案

技巧 3：使用渐变蒙版。

使用渐变蒙版是处理图片素材时常用的技巧之一。对于演示文稿高手来说，可以把看似简单的渐变蒙版玩得出神入化，让图片完美地融入内容。

以下方的演示文稿为例，左侧图片和右侧的色块文字区分明显，看起来十分生硬，如图 11-3-8 所示。

图 11-3-8　生硬的分界线

此时，可以提取该图片的颜色色调，添加一个渐变蒙版作为文字信息的背景，让文字和图片的衔接更加自然，如图 11-3-9 所示。除此之外，渐变蒙版还可以起到延伸图片、聚焦主题和营造特色视觉风格的作用，应用范围非常广。

图 11-3-9　设置渐变蒙版使文字和图片的衔接更加自然

在需要添加蒙版的区域插入图形，然后选中该图形，在任务窗格中将线条设置为"无"，如图 11-3-10 所示。

第 11 章 高级演示文稿的演示技巧 / 129

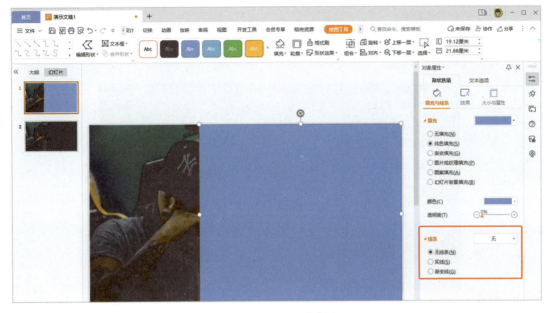

图 11-3-10 设置线条为无

在任务窗格的"填充"选项中勾选"渐变填充"单选按钮。然后在"角度"选项中调整渐变角度，如图 11-3-11 所示。

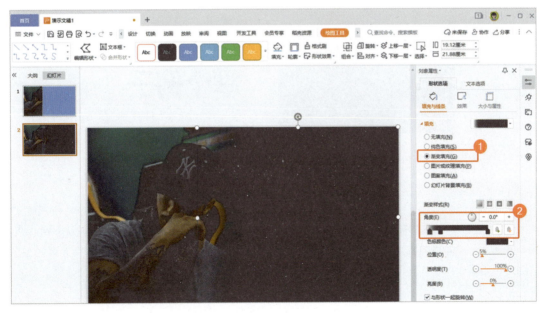

图 11-3-11 设置渐变填充和渐变角度

技巧 4：善用图片填充。

填充是非常经典的图片处理方法。我们可以把图片填充到背景、形状甚至文字里，以此突出视觉效果，如图 11-3-12 所示。

图 11-3-12　填充的视觉效果

但在填充时需要注意的是，图片内容本身会影响填充的效果。例如，在填充文字或一些面积较小且分散的形状时，就不适合使用有主体近景特写的图片，否则会出现图片主体难以被识别的问题，如图 11-3-13 所示。

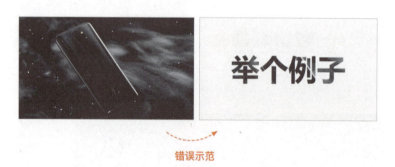

图 11-3-13　图片主体在填充后难以识别

在上述示例中，图片被填充到文字里就很难看出图片原来的样子了，这可能会让观众感到迷惑。而一些非单一主体且内容元素分布比较均匀的图片就不会有这样的问题。例如，以星空元素为主题的图片，如图 11-3-14 所示。因为这样的图片起到的是增添花纹或者填充颜色的装饰效果。

正确示范

图 11-3-14　内容元素分布比较均匀的图片更加适合填充

4. 文字排版

文字是承载信息的基础载体，但方方正正的字符不像图片和视频那般醒目，往往会因为字数过多而让观众感到厌倦或被下意识地忽视，所以怎样做好文字内容的排版就成了演示文稿制作者的必修课。本节将为大家介绍 4 个实用的文字排版技巧。

技巧 1：提炼核心内容。

一份优秀的演示文稿首先是要把核心内容讲清楚，所以逻辑清晰非常重要，对纯文字排版最基础的要求就是——逻辑清晰，把事情讲清楚。有一些演示文稿中的纯文字内容就是简单地插入文本框，然后把一大段文字复制进去。这种排版的问题很明显：大段文字内容放在文档中也许没有问题，但是这样的表现形式放到演示文稿里就会使信息传递不够高效。要知道演示文稿作为一种演示工具，目的是让观众更迅速、轻松地接受方案中所传达的核心内容，所以要确保表达形式足够凝练。

我们试着把不必要的文字删掉，把最重要的核心内容提炼出来，降低信息的接受门槛，让观众一眼找到重点内容，如图 11-4-1 所示。

核心内容提炼

图 11-4-1　提炼核心内容

技巧 2：用色块规整长短不一的文字。

经过信息提炼后的内容也可能遇到其他问题，比如各项的文字内容长短不一，这样可能会让页面显得杂乱无章，影响整体观感。解决的办法很简单，只要给这些内容加上一个相同样式的色块就可以了。

单击"插入"选项卡的"形状"按钮，在弹出的菜单中选择合适的形状，然后调整大小、颜色、透明度，把形状置于文字下方，如图 11-4-2 所示。

图 11-4-2　插入形状

看起来是不是整齐多了？这是因为文字内容被色块包裹后，乍看之下像是一个完整的整体，如图 11-4-3 所示。

图 11-4-3　以整体形式展现

这个小把戏骗过了我们的大脑，让观众们觉得页面中并列放置了几个一样的元素，所以就会在观感上认为这个页面变得规整了。再找一张好看的图片作为背景，添加蒙版后会更有高级感，如图 11-4-4 所示。

第 11 章　高级演示文稿的演示技巧

图片蒙版优化

图 11-4-4　添加图片蒙版

技巧 3：注意文字间距。

文字间距的大小会在很大程度上影响演示文稿的观感。如果间距太大，则会让文本框占据过多的页面空间，使得整个演示文稿看起来十分空旷；如果间距太小，则可能让页面显得拥挤。这个道理虽然简单，但很多作品始终无法避免这类问题，尤其是一些直接复制过来的文本内容，文字间距通常与页面整体不协调，如图 11-4-5 所示。

图 11-4-5　注意文字间距

通常 1.5 倍行距和 1 磅的字符间距是适用范围比较广的设置，但演示文稿的排版风格和版式多种多样，具体数据还是要视排版情况而定。如果对于行距和字符间距的设置把握不准，那么可以在输入文本内容后单击"一键美化"按钮，系统会根据文字内容适配美化方案，应用合适的字体设置，免去重复调整的麻烦，如图 11-4-6 所示。

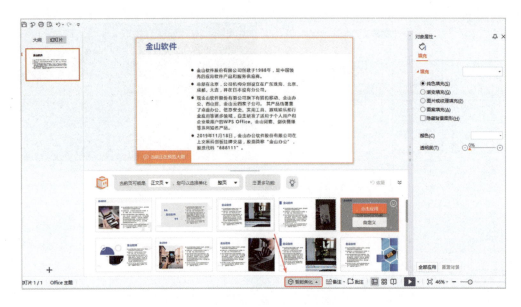

图 11-4-6　智能美化

技巧 4：强调页面中的数字信息。

当演示文稿中有需要强调的信息时，强调的方式有很多种，比如改变字体、字号、颜色等，如图 11-4-7 所示。

图 11-4-7　强调页面中的信息

在 WPS 中有一个特色的"动态数字"功能，可以让数字呈现精美、炫酷的动态效果。添加方式非常简单，只要选中需要添加效果的数字后，单击"动画"选项卡的"智能动画"按钮，在弹出的菜单中选择想要的动态效果即可，如图 11-4-8 所示。

经过调整后，观众便可以一眼看到要传达的重要信息，而动画效果则让数字展现出一种"增长"的感觉，能有效地吸引观众的注意力。

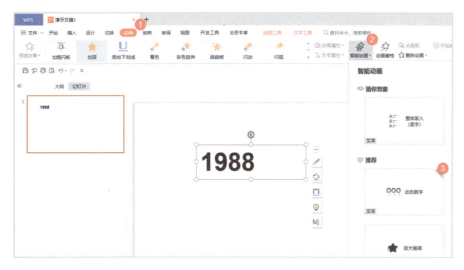

图 11-4-8　设置动态数字效果

5. 平滑切换[1]

若想让演示文稿变得更加高级,那么起源于 Keynote 的切换效果"神奇移动"必不可少。

WPS Office 在 Windows 个人版中上线了平滑切换功能,并且免费开放使用。它可以让文本、图片的过渡更加平滑、炫酷,更具有表现力。单击"切换"选项卡的"平滑"按钮,即可使用此效果,如图 11-5-1 所示。

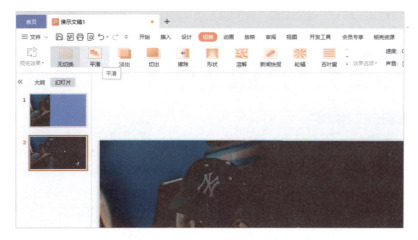

图 11-5-1　平滑切换

1　在微信公众号"WPS 学堂"中,回复"平滑动画"可获取详细的视频教程。

第 12 章
实用技巧汇总

1. "批量处理"功能详解

批量添加邮箱后缀

如果你收集到了一批人员的 QQ 号，但是想批量添加邮箱后缀怎么办呢？方法是，选中表格，在选中的内容上右击，在弹出的菜单中选择"设置单元格格式"命令，在弹出的"单元格格式"对话框中选择"自定义"命令，在类型输入框中输入@"@qq.com"后单击"确定"按钮，此时表格中的邮箱后缀就能自动添加了，如图 12-1-1 所示。

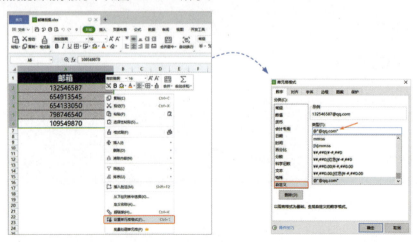

图 12-1-1　批量添加邮箱后缀

批量修改图片尺寸

如果添加到表格里的图片大小不一,那么大部分人为了整体表格的美观性,会选择肉眼比对每张图,再手动调整图片大小。但这样做既费时间又费眼力,还不能保证图片大小完全一致。

更简单的方法是:单击"开始"选项卡的"查找"按钮,在弹出的菜单中选择"定位"命令,在弹出的"定位"对话框中勾选"对象"单选按钮,如图 12-1-2 所示。

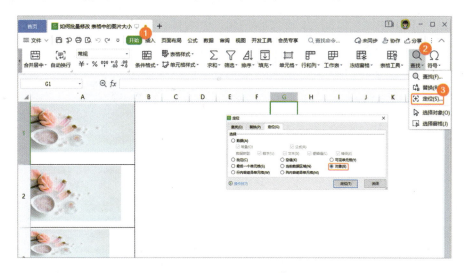

图 12-1-2 定位对象

然后单击"图片工具"选项卡,在高度和宽度处修改数值,就可以批量修改表格中的图片大小了,如图 12-1-3 所示。

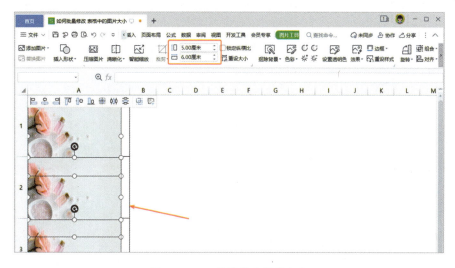

图 12-1-3 批量修改图片大小

2. Shift 键的功能详解

快速选取大段文本内容

当遇到页数较多的文档时,如果用鼠标拖动的方式进行大段文本内容的选取,就会发现很不方便。实际上,我们仅需把鼠标指针定位在文本内容的开始位置,然后按住 Shift 键不放,滑动页面至所选内容的结尾处,接着单击鼠标左键,便能一键选中起始位置到结束位置的文本内容,十分高效、便捷,如图 12-2-1 所示。

图 12-2-1　选取文本内容

快速插入正方形和正圆形

在编辑文档时,有时候为了更清楚地表达内容,可以选择插入图形来实现内容图形化。可问题是我们并不能轻易绘制出正方形、正圆形,往往只能得到一个不规则的图形。

此时,你可以在绘制图形时按住 Shift 键,再拖动鼠标进行绘制,就可以绘制出正方形和正圆形了,如图 12-2-2 所示。

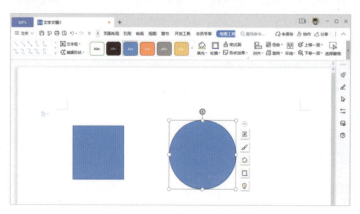

图 12-2-2　绘制正方形和正圆形

在文档中也可以快速选取整行或整列单元格

在编辑表格文件时，我们可以通过表格标题栏快速选中整行或整列单元格。但在文档中要编辑表格时，却没有标题栏可供选择。在这种情况下，如果你想快速选择整行或整列单元格，则需要单击首个单元格并按住 Shift 键不放，再单击最后一个单元格，这样可以快速选中整行或整列单元格。如图 12-2-3 所示，展示的是如何快速选取整列单元格。

图 12-2-3　快速选取整列单元格

轻松改变英文大小写

在编辑文档时，总免不了遇到输入英文的情况。然而由于英文的特殊性（一个单词由多个字母组成），若要调整大小写，则转换起来十分麻烦。但如果你知道使用 Shift+F3 组合键，那么便能将选定的英文文本在全部大写、全部小写、首字母大写 3 种状态之间轻松切换，如图 12-2-4 所示。

图 12-2-4　改变英文大小写

代替剪切、粘贴快捷键

如果你是一位经常编辑文档的人，那么肯定知道使用 Ctrl+X 组合键可以进行快速剪切；使用 Ctrl+V 组合键可以进行快速粘贴。但有时计算机可能会因为软件中快捷操作的设置冲突，导致 Ctrl+X 组合键和 Ctrl+V 组合键操作失效。而这个时候 Shift 键就能发挥大作用了。比如在选中某段文字后，按 Shift+Delete 组合键可以将所选的文本剪切到剪贴板中，如图 12-2-5 所示。再按 Shift+Insert 组合键将剪切的文本进行粘贴，如图 12-2-6 所示。

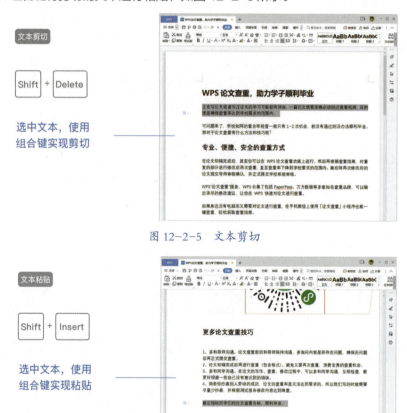

图 12-2-5　文本剪切

图 12-2-6　文本粘贴

3. Ctrl+E 组合键功能详解

大多数人知道 Ctrl+C 组合键（复制）、Ctrl+V 组合键（粘贴）这两大快捷功能。但是很少有人知道 Ctrl+E 组合键（智能填充）也具有强大的功能。下面我们看一下 Ctrl+E 组合键适用的应用场景。

分段显示手机号码

为了便于阅读,我们常常需要将表格中的手机号码进行分段显示。在这种情况下,我们仅需要在第一个单元格中手动输入分段形式,然后按 Ctrl+E 组合键,WPS 便会识别分段规则,智能填充后续内容,完成对手机号码的批量分段,如图 12-3-1 所示。

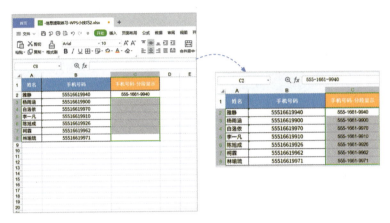

图 12-3-1　分段显示手机号码

身份证日期提取

在表格中,除了可以用 MID 函数快速提取出身份证上的年、月、日,还可以用 Ctrl+E 组合键进行提取。我们仅需在第一个单元格中,先手动输入一个身份证的年、月、日信息,接着按 Ctrl+E 组合键,WPS 就会识别提取规则,智能填充信息。如图 12-3-2 所示,展示的是对出生年月的提取。

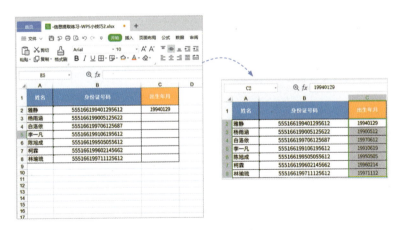

图 12-3-2　提取出生年月

不过需要注意的是,用该方法填充的内容并非日期格式。若想直接提取为日期格式,则可以使用 WPS 的特色功能。具体操作为：单击"公式"选项卡的"fx 插入函数"按钮，在弹出的"插入函数"对话框中，单击"常用公式"选项卡，选择提取身份证生日并选择参数输入范围，如图 12-3-3 所示。

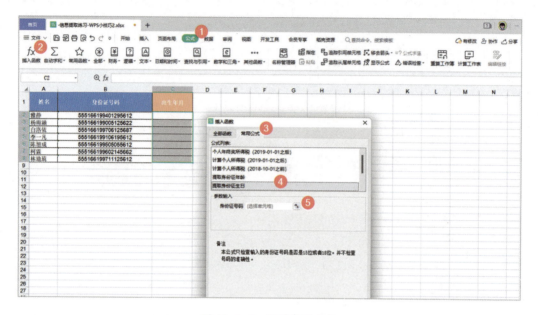

图 12-3-3　设置常用公式

批量为内容添加前缀、后缀

以往遇到为内容增加前缀和后缀的情况，往往会选择使用"批量处理单元格"功能，或者使用函数公式进行处理。而通过 Ctrl+E 组合键，只需要在第一个单元格中为内容添加好前缀、后缀，再按下 Ctrl+E 组合键，后续单元格即可根据规则智能填充内容，如图 12-3-4 所示。

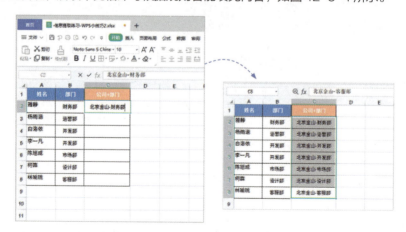

图 12-3-4　批量为内容添加前缀、后缀

批量提取内容，添加符号

当处理表格文件时，有时需要进行如合并数据、批量添加符号等操作。以某公司职位表为例，表中姓名、职位详情为独立列。现在需要将这些信息进行合并，并且要求为职位添加括号，那么该如何操作呢？

只需要在首个单元格中输入想要的目标值，再按下 Ctrl+E 组合键，WPS 便能对后续的单元格进行智能填充。批量提取内容，添加符号，如图 12-3-5 所示。

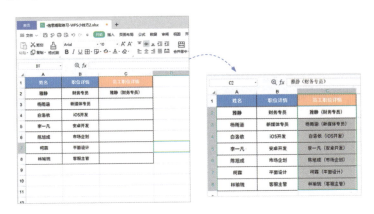

图 12-3-5　批量提取内容，添加符号

批量替换字符

当想要批量替换表格中的字符时，也可以使用 Ctrl+E 组合键完成。以部门信息表为例，若要将"WPS"批量替换为"金山办公"，则只需要在替换列的首个单元格中输入目标值，再按 Ctrl+E 组合键，WPS 便会自动识别替换规则，快速对后续单元格进行批量替换，完成智能填充，如图 12-3-6 所示。

图 12-3-6　批量替换字符

快速拆分、合并单元格

对单元格进行拆分、合并是非常高频的操作，而使用 Ctrl+E 组合键可以让这些操作变得更加简单。

拆分时，只需要在拆分单元格中输入想要的目标值，按 Ctrl+E 组合键后，WPS 便会自动识别拆分规则并进行智能填充，如图 12-3-7 所示。

图 12-3-7　快速拆分

合并时，同样只需要在首个合并单元格中输入合并的目标值，按 Ctrl+E 组合键后，WPS 便会自动识别合并规则并进行智能填充，如图 12-3-8 所示。

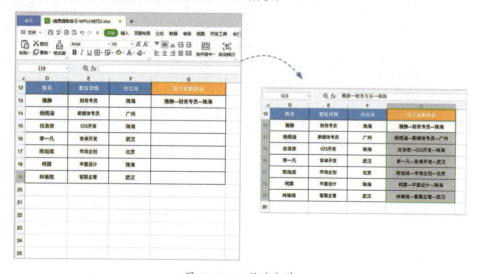

图 12-3-8　快速合并

快速去除空格、符号

有时候收集的内容存在多余的空格和符号,文本格式没有统一。在以前,很多人会选择逐个排查。但有了 Ctrl+E 组合键,我们便可以快速去除多余的空格和符号,只保留文本并实现格式统一。仅需在规范格式列的首个单元格中输入目标值,按下 Ctrl+E 组合键后,WPS 便会自动识别去除规则并为后续单元格进行智能填充,如图 12-3-9 所示。

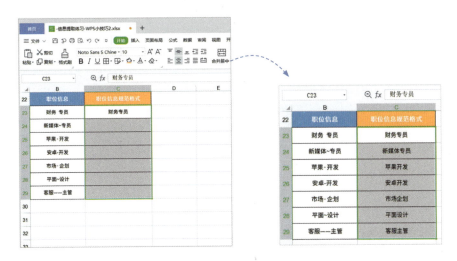

图 12-3-9　快速去除空格、符号

批量截取文本

做行政、财务工作的人在收集同事信息时,往往会发生以下类似的对话,如图 12-3-10 所示。

图 12-3-10　信息征集

如果收集的信息需要按分类如"姓名、手机号、户籍"输入表格,那么使用 Ctrl+E 组合键可以快速处理并批量截取文本分段。我们需要做的仅仅是在拆分列的第一个单元格中输入目标值,然后分别在多列连续按下 Ctrl+E 组合键,WPS 便会自动识别截取规则,批量截取文本,如图 12-3-11 所示。

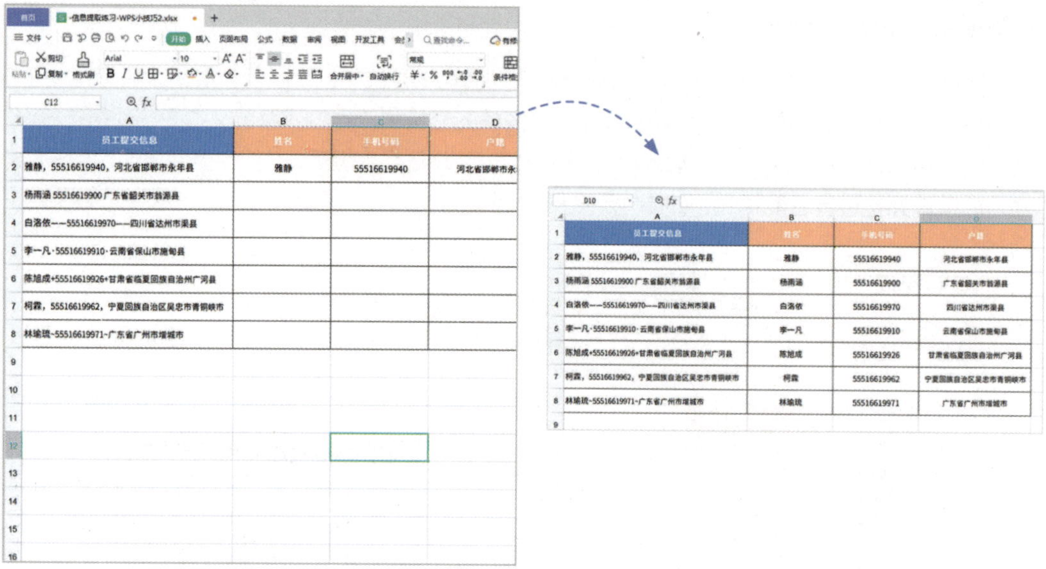

图 12-3-11　批量截取文本

4. 鼠标的 8 大高效操作

在处理文档时，很多人会追求组合键的快捷操作，以提升工作效率。但很多人不曾想到，很多快捷操作其实是可以通过鼠标操作完成的。下面介绍鼠标的 8 大高效操作。

快速选取整个段落

如果想要选择文档的某个段落，那么可以直接在文档页面上敲击 3 次（3 击）鼠标左键，便能快速选取当前的段落，如图 12-4-1 所示。

图 12-4-1　3 击鼠标左键快速选取段落

另外，在文档中若需要选中某个词组，则可以在词组中的任意一个字符上双击鼠标左键，就能直接选中该词组。即便是英文文档也支持该快捷操作。

在任意位置输入文本

有时候我们在编辑文档时，需要在某个特定的位置输入文本。比如说合同类文档，就需要在文末写下双方的信息。此时，如果一直用敲空格的方式输入最右方的内容，那就太麻烦了。实际上，在文档页面的任意位置双击鼠标左键，就可以在该位置输入文本，如图 12-4-2 所示。

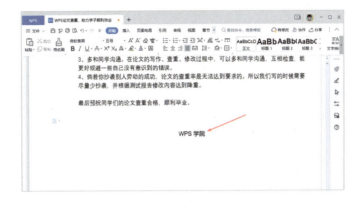

图 12-4-2　在任意位置输入文本

查看文档的存储路径

在最新的 WPS 中，如果想要查看文档的存储路径，那么只需要将鼠标指针悬停在文档标签页上便能快速查看，甚至还可以单击"打开位置"按钮进入文档资源管理器页面进行文档管理，如图 12-4-3 所示。

图 12-4-3　查看文档存储路径

快速切换窗口大小

要想调整文档的窗口,除了使用右上角的窗口切换按钮,还可以双击标题栏的空白区域,直接在窗口最大化和还原状态之间快速切换,如图 12-4-4 所示。

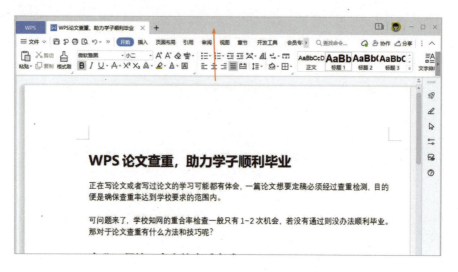

图 12-4-4　快速切换窗口大小

隐藏文档分隔处的空白区域

当阅读篇幅较长的文档时,文档分隔处的空白区域会破坏阅读体验,如图 12-4-5 所示。如何隐藏这片空白区域呢?

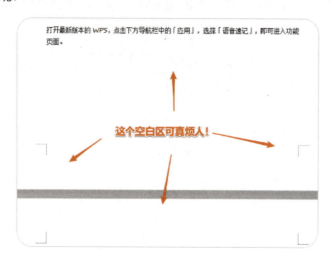

图 12-4-5　空白区域

方法很简单：将鼠标指针移动到两页之间，当鼠标指针变为上下箭头形状时双击鼠标左键，即可隐藏文档分隔处的空白区域，如图 12-4-6 所示。

图 12-4-6　双击隐藏空白区域

快速进入页眉、页脚编辑状态

如果想为文档插入页眉、页脚，最快捷的方法是双击页眉、页脚区域进行插入。双击鼠标左键后，我们便能快速对页眉、页脚进行编辑，插入需要的页眉、页脚内容。如图 12-4-7 所示，对页眉进行编辑。

图 12-4-7　编辑页眉

快速编辑图片

当需要编辑文档中的图片时，仅需要双击图片即可唤出图片编辑工具，如图 12-4-8 所示。在这些工具中，你不仅可以填充颜色和线条，添加阴影、倒影、发光等效果，还可以直接对图片进行裁剪，让图片更加契合文档。

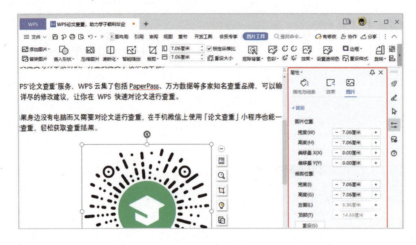

图 12-4-8　图片编辑工具

快速设置页面

当需要对文档进行页面设置时，双击横向标尺或纵向标尺，便能快速打开"页面设置"对话框。此外，也可以双击标尺上的缩进按钮，快速打开"段落"对话框进行设置，如图 12-4-9 所示。

图 12-4-9　打开"段落"对话框

如果你的 WPS 没有出现标尺，那么可以勾选"视图"选项卡中的"标尺"复选框，如图 12-4-10 所示。

图 12-4-10　勾选"标尺"复选框

5. 3 个特别的复制、粘贴技巧

以大多数人熟悉的复制、粘贴操作为例，我们将详细介绍 3 个特别的复制、粘贴技巧。

巧用剪贴板

在处理文档时，有时需要多次复制同一内容。有的人的做法是一次次地跳转页面进行复制、粘贴。但更简单的方法是，使用 WPS 的剪贴板功能。剪贴板可以保存多达几十项复制内容，无论是图片，还是文字，都能够完美支持，选择其中一个即可将内容粘贴到指定位置。

操作方法：打开任意文档，单击"开始"选项卡的"剪贴板"按钮（格式刷下方），调出剪贴板，如图 12-5-1 所示。

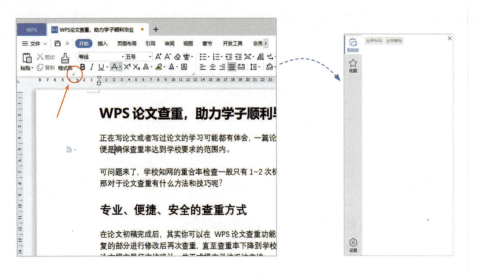

图 12-5-1 调出剪贴板

WPS 中的剪贴板还支持"收藏"功能，如图 12-5-2 所示。这意味着我们可以创建一个专属个人的剪贴板，并且可以将常用的输入短语收藏起来。比如，将常用的地址、个人信息等进行收藏，使用时直接单击即可，无须在页面跳转反复输入。

图 12-5-2 剪贴板收藏功能

剪贴板还支持"跨应用独立使用"。只要在 WPS 中开启剪贴板，电脑桌面右下角便会显示剪贴板快捷图标，如图 12-5-3 所示。也就是说开启该功能后，"剪贴板"便会帮助你记录要复制的内容，并且支持在任意应用调出，十分方便。

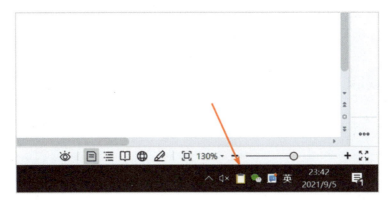

图 12-5-3 剪贴板快捷图标

智能的"截图取字"功能

在编辑多个文档时,难免会需要引用各类资料和信息,但这些内容往往会因为格式(如图片和 PDF),而无法直接复制、粘贴。此时该怎么办呢?答案是使用"截图取字"功能,即可一键提取图片中的文本内容,自动识别并转换成文本格式。方法是,单击"会员专享"选项卡的"截图取字"按钮,也可以直接使用 Ctrl+Alt+S 组合键直接调出"WPS 截图取字"对话框(注:该功能为会员功能),如图 12-5-4 所示。值得一提的是,在使用其他软件时也可以使用该功能进行文本识别。

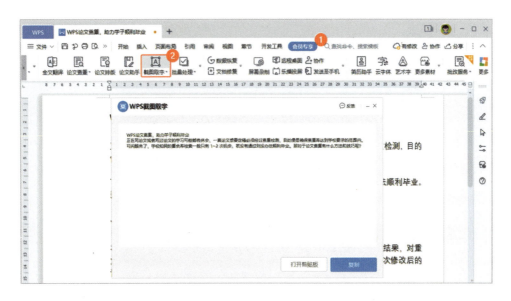

图 12-5-4 "WPS 截图取字"对话框

不可不知的复制、粘贴快捷操作

除了使用广为人知的 Ctrl+C 组合键(复制)、Ctrl+V 组合键(粘贴),还可以使用"Ctrl 键+鼠标左键拖动""F4 键"分别实现复制和重复上一步操作。在文档和演示文稿界面，选择文本、图形或者图片对象后，按住 Ctrl 键并使用鼠标左键进行拖动，即可快速复制对象，如图 12-5-5 所示。

图 12-5-5　按住 Ctrl 键并使用鼠标左键拖动进行复制

而 F4 键的作用则是：重复上一步操作。即重复此前对文本、图片的操作。例如，在编辑文档时，输入"金山办公"后，按下 F4 键，就能重复输入"金山办公"，如图 12-5-6 所示。

图 12-5-6　使用 F4 键重复上一步操作

第 3 篇
云办公

本篇主要介绍如何通过 WPS 云服务、WPS 移动版实现现代化的云办公，提高日常的办公效率。

- 第 13 章　初识 WPS 云服务
- 第 14 章　云备份与云同步
- 第 15 章　云共享与云协作
- 第 16 章　更多云应用服务
- 第 17 章　移动办公

第 13 章
初识 WPS 云服务

1. 如何拥有 WPS 云空间

注册 WPS 账号后,将会自动获得个人专属的云空间,可以用来存储文档,以及其他类型的文件。与常规的本地文件存储不同,云空间里的文件支持跨设备访问,即使切换设备,只要登录同一个账号即可访问所有文件。

在 WPS 电脑版首页,单击导航栏"文档"按钮,在弹出的菜单中选择"我的云文档"命令,即可查看所有云空间中的文件。在 WPS 移动版中,则可以单击底栏的"文档"图标进行查看(WPS 安卓版中的图标名称为"云文档"),如图 13-1-1 所示。

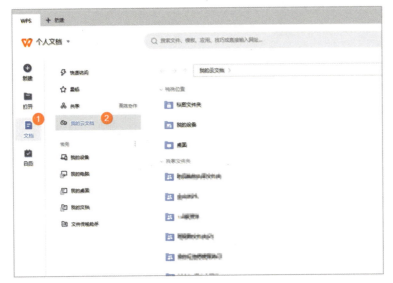

WPS电脑版　　　　　　　　　　　　　　　　　　　WPS移动版

图 13-1-1　云文档入口

2. 如何将本地文件上传到云空间

WPS 电脑版教程：按上述操作进入"我的云文档"界面后，单击顶部工具栏的"新建"按钮，在弹出的菜单中选择"上传文件"或"上传文件夹"命令，即可将电脑本地的文件或文件夹上传至云空间，如图 13-2-1 所示。

WPS 移动版教程：在 WPS 移动版的首页单击右下角的圆形新建按钮，然后单击"上传文件"按钮即可将手机中的文件上传至云空间，如图 13-2-2 所示。

把文件成功上传至云空间后，当用其他设备登录上传文件的账号时也可查看上传的文件或文件夹，如有改动，云空间中的文件也会同步修改，非常方便。

如果是正在编辑中的文档，那么可以通过"保存""另存为"功能保存文件，也可以通过双击文档标题栏，在弹出的对话框中选择将文件上传到 WPS 云空间，如图 13-2-3 所示。

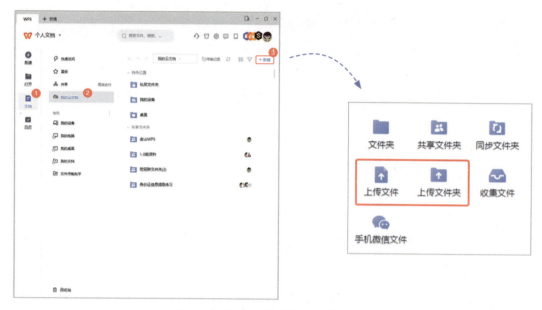

图 13-2-1　WPS 电脑版：上传云文档

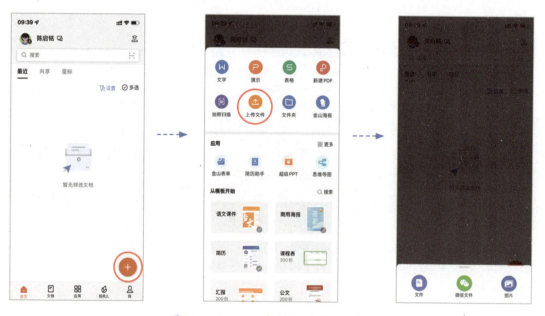

图 13-2-2　WPS 移动版：上传云文档

图 13-2-3　双击文档标题栏选择将文件上传到 WPS 云空间

3. 如何查找云空间文档的保存位置

当云空间存储的文档数量较多时，该如何快速找到保存在云空间的文档呢？

假如已经打开文档，并且想要查找此文档的保存位置，那么可以将鼠标指针悬停在文档标题上，此时就会出现文档信息弹窗，其中包含文档路径。单击"打开位置"按钮即可跳转至文档的保存位置，如图 13-3-1 所示。

图 13-3-1　查看文档的保存位置

假如没有打开文档，那么可以在 WPS 首页的搜索框中输入文档名称或关键词，快速定位并打开文档，如图 13-3-2 所示。

图 13-3-2　首页搜索框定位

4. 标记重要文档和常用文档

当云空间的文档过多且不方便寻找时,可以通过 WPS 的"星标""快速访问"功能标记文档。下面介绍这两个功能的使用方法。

如果需要让重要文件/文件夹更突出,则可以使用"星标"功能。以下方文档为例,单击文档右侧星星图标,即可对此文档添加星标。添加完成后,文档便可以在云文档列表的"星标"处快速找到,如图 13-4-1 所示。

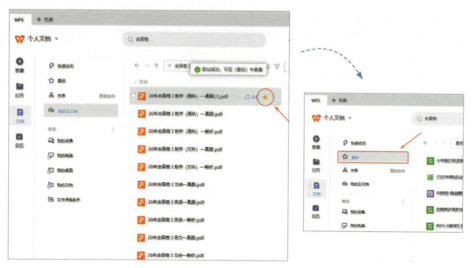

图 13-4-1　星标

如果想要快速查看日常高频使用的文档，则可以使用"快速访问"功能。以下方文档为例，在文档条目上右击，在弹出的菜单中选择"添加到'快速访问'"命令。添加完成后，文件便会出现在云文档列表的快速访问列表中，如图 13-4-2 所示。

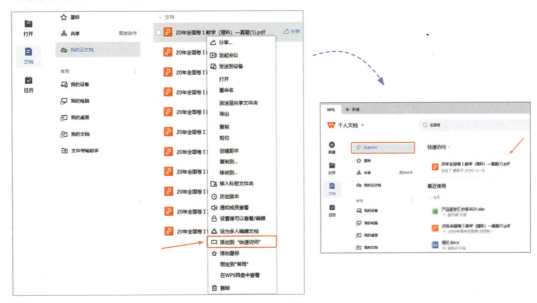

图 13-4-2　快速访问

第 14 章
云备份与云同步

1. 文档云同步[1]

除了上述介绍的手动将文件或文件夹上传到云空间，WPS 云服务还提供了"文档云同步"功能，可以自动将你在电脑、手机上打开的文档备份到云空间，减少了每次手动上传的烦琐操作。

WPS 电脑版教程：打开 WPS 登录账号，单击首页右上角的"设置"按钮可选择开启"文档云同步"，如图 14-1-1 所示。

图 14-1-1　电脑开启文档云同步

1　在微信公众号"WPS 学堂"中，回复数字"0047"可获取详细的视频教程。

WPS 移动版教程：打开 WPS 登录账号，单击界面底栏的"我"图标，选择"WPS 云服务"中的"文档云同步"命令，在右侧单击开关按钮开启即可，如图 14-1-2 所示。

图 14-1-2　手机开启文档云同步

通过以上设置后，在 WPS 中打开的文档便可自动备份至云空间。你可以在云文档列表或者通过首页搜索框输入文件名称或关键词，快速找到备份至此账号云空间中的文件。

云空间中的文档还支持多设备查看，如已经下班离开电脑，或者将文件保存到电脑桌面却突然需要修改某一数据、某段文案时，用手机或者家里电脑登录同一个账号即可查看、编辑文件，并且内容修改会自动进行同步。

2. 历史版本[1]

在工作中当保存过的文件被一遍遍编辑、修改时，多数人会为文件建立多个不同编号以进行区分。但这种方法不仅占用空间、整理麻烦，查找历史编辑记录也十分不方便。WPS 的"历史版本"功能可以避免这样的情况发生（注意，该功能仅支持保存在云空间的云文档）。

在 WPS 首页或者文档列表中选中目标文件后，右侧界面就会显示"历史版本"记录，如图 14-2-1 所示。

---

[1] 在微信公众号"WPS 学堂"中，回复数字"0048"可获取详细的视频教程。

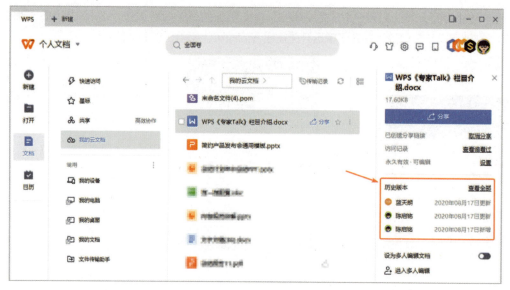

图 14-2-1 "历史版本"记录

单击"查看全部"按钮便可看见按照时间排列的文档修改记录,包括修改时间、修改人等,并且可预览历史版本或直接恢复某一历史版本的文件,如图 14-2-2 所示。

图 14-2-2 "历史版本"预览

3. 回收站

为了保证存储在云空间的文档安全,WPS 云空间还提供了"回收站"功能,可以用来暂时收纳大家删除的云文档。当你删除云空间的任一文件或文件夹后,该文件或文件夹便会自动进入回收站,保留 90 天之后便永久删除。

你可以在 WPS 首页单击左侧导航栏的"回收站"按钮进入回收站页面查看,并且可对文件或文件夹进行还原、彻底删除等操作,如图 14-3-1 所示。

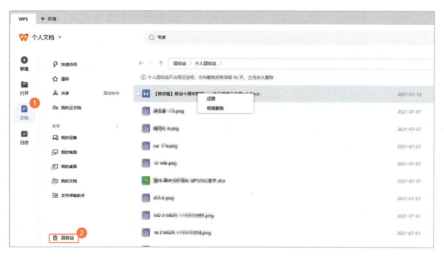

图 14-3-1 回收站

4. 桌面云同步

使用 WPS 的"桌面云同步"功能可以把多台电脑桌面上的文件实时同步到云空间,并且支持文件双向同步,方便我们在其他设备中随时查看和编辑文件。

电脑桌面文件实时同步,换台设备也可以访问

开启 WPS"桌面云同步"功能后,WPS 会将电脑桌面整理的文档,按照现有路径备份到云空间,存储在"我的云文档"中的"桌面"文件夹中。只要登录同一个账号,换台电脑、手机也可以随时查看电脑桌面文件,如图 14-4-1 所示。

WPS电脑版

WPS移动版

图 14-4-1 桌面云同步

如果在公司电脑中开启此功能,那么在离开工位后,需要临时使用文件时,就可以在手机、家里电脑等任意设备中查看文件,不用为突然要找工作文件而担忧。

在其他设备中编辑、新建的内容会自动更新到电脑桌面

开启 WPS "桌面云同步"功能后,若换台电脑或者手机登录同一账号编辑、新建文档,则编辑、新建的内容也会自动更新到电脑桌面。我们无须再用 QQ、微信、U 盘发送文件,不用反复传输文件,并且减少多个改动版本分不清的状况。

具体操作步骤如下(目前此功能仅支持 Windows 平台):

1)打开 WPS,单击左侧导航栏的"文档"-"我的云服务"按钮,如图 14-4-2 所示。

2)单击"桌面云同步"按钮,即可开启桌面云同步。

图 14-4-2　开启桌面云同步

5. 同步文件夹

WPS 中的"同步文件夹"功能可以将电脑指定的本地文件夹实时同步到 WPS 的云空间,让你在使用其他电脑或者手机等设备时,登录同一个账号即可查阅。

使用该功能后,后续在电脑上该本地文件夹中进行的文件更新、文件新增、文件删除、文档编辑、新增或删减文件夹等操作都会立即同步到云空间,使你在云空间看到的内容与电脑本地的内容完全一致,如图 14-5-1 所示。

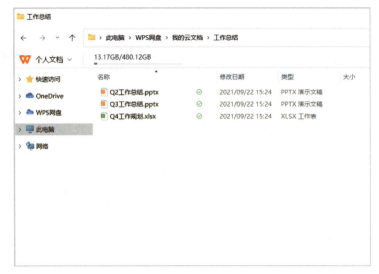

WPS电脑版　　　　　　　　　　　　　　　WPS移动版

图 14-5-1　云空间的内容与电脑本地的内容一致

具体操作步骤如下：

1）打开 WPS，单击左侧导航栏的"文档"-"我的云服务"按钮，如图 14-5-2 所示。

2）单击"同步文件夹"按钮，即可开启同步文件夹功能。

图 14-5-2　开启同步文件夹功能

6. WPS 网盘

WPS 云服务为 Windows 用户提供了一个符合人们对系统文档管理习惯的云盘工具：WPS 网盘。你可以在"此电脑"中找到 WPS 网盘，通过它管理你存储在 WPS 云空间的文档，如图 14-6-1 所示。在 WPS 云空间管理文档的方式和在电脑本地磁盘管理文档的方式一样，你可以对文档进行拖动，使用快捷键进行复制、粘贴，或者直接新建文件和文件夹。

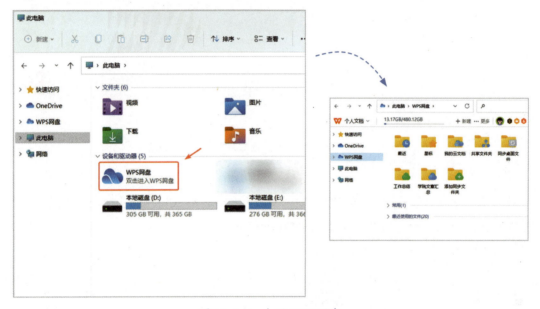

图 14-6-1　打开 WPS 网盘

第 15 章
云共享与云协作

1. 如何将云文档分享给好友、同事[1]

传统的文档分享需要以原文件的形式进行，但偶尔会遇到问题如：1）若文件体积过大，则传输速度缓慢；2）时间一长容易被 IM 类应用自动清理，若提示过期则无法找回文件。而 WPS 的云空间可以解决上述问题。

当需要分享云空间的文档时，单击功能区右上角的"分享"按钮，文档将会以链接的形式进行分享，如图 15-1-1 所示。减少了因文件过大带来的传输慢的问题。同时还可以自由设置链接的有效期，减少了被清理的可能。

通过云空间分享文档链接，你还可以设置 3 种不同的权限，分别是任何人可查看、任何人可编辑、指定人查看或编辑。这在一定程度上防止了文档被随意改动的情况。

如果选择"可编辑"选项，则分享文档链接后，其他人单击该链接就能进入协作模式，编辑的内容实时保存至文档，并且所有的"协作记录"都会被自动保存。你可以在协作模式下，单击功能区右上角的"历史版本"按钮，查看"协作记录"，这样谁在什么时间改动什么内容，都能一目了然，如图 15-1-2 所示。

1　在微信公众号"WPS 学堂"中，回复数字"0049"可获取详细的视频教程。

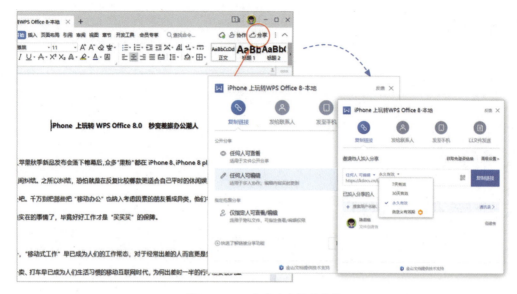

图 15-1-1　分享云空间的文档

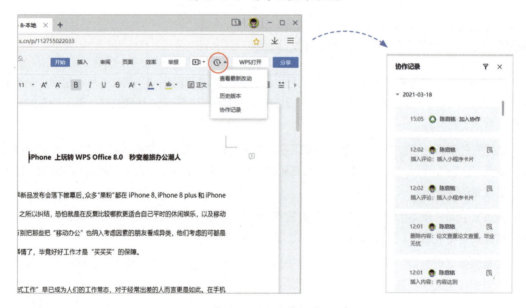

图 15-1-2　协作记录

2. 分享后的云文档被编辑，该如何同步更新

　　将云空间文档分享给他人并设置可编辑后，他人对文档进行二次编辑时，你可以通过以下方法做同步更新。

当他人正在编辑此文档时，你的本地文档界面会在右上角弹出文档状态提醒框，告诉你此文档正处于协作编辑状态，如图 15-2-1 所示。单击"进入协作"按钮即可加入在线协作，与他人一同编辑。若不单击"进入协作"按钮则文档处于只读模式，仅能查看，不能编辑保存。

图 15-2-1　文档状态提醒框

当他人完成编辑时，文档界面会在右上角弹出新的文档状态提醒框，告诉你文档已有新版本。单击"立即更新"按钮即可查看最新的内容，如图 15-2-2 所示。

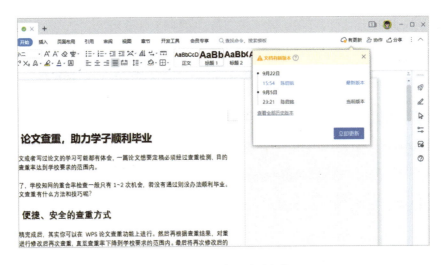

图 15-2-2　文档状态更新提醒

3. 查看分享的云文档

如果经常使用云空间的分享文档功能，那么还可以通过以下方法快速找到要分享给他人的文档，以及他人分享给你的文档。

在 WPS 电脑版首页，单击导航栏的"文档"按钮，选择"共享"命令，单击"共享文件夹""收到的文件""发出的文件"选项卡可以分别进行查看，如图 15-3-1 所示。

图 15-3-1　查看共享文档

单击右侧的"文件类型筛选"按钮，则可以对此目录下的文件类型进行筛选。例如，我们想快速找到分享给好友的某一 PDF 文件，可单击"文件类型筛选"按钮，在弹出的菜单中选择 PDF，如此一来就能快速筛选出此目录下的所有 PDF 文件，如图 15-3-2 所示。

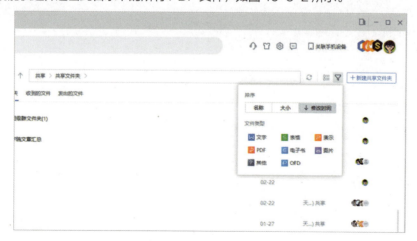

图 15-3-2　筛选查看共享文件

4. 多人实时在线编辑[1]

当你想通过文档进行远程协助、多人编辑时，可一键开启 WPS 的多人协作模式。

以下方表格为例。若想要开启此表格的协作模式，让其他人也可以访问、编辑此表格，那么单击功能区右上角的"协作"按钮，如图 15-4-1 所示。将文档上传至云空间后，便可以自动切换为协作编辑页面。

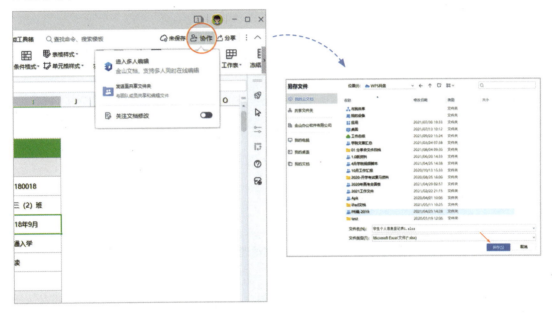

图 15-4-1　单击"协作"按钮

在协作编辑页面中单击右上角功能区的"分享"按钮，即可将此表格文档以链接的形式进行分享，如图 15-4-2 所示。其他人收到链接后单击进入文档，便可以与你一同进行编辑。

若想返回 WPS 本地的专业编辑模式，单击右上角功能区的"WPS 打开"按钮即可进行切换。

1　在微信公众号"WPS 学堂"中，回复数字"0050"可获取详细的视频教程。

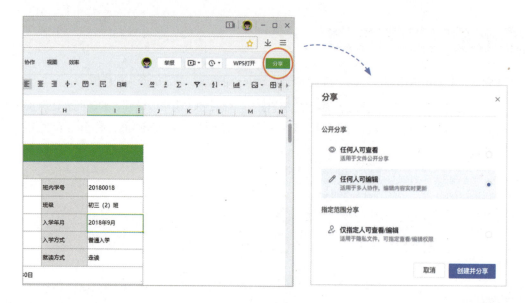

图 15-4-2 单击"分享"按钮

5. WPS 共享文件夹

使用 WPS 中的"共享文件夹"功能可以更好地管理团队文件资料，让团队文件不被过期清理、权限管控更安全、修改协作更方便、收发更便捷。

例如，WPS 君是一家公司的行政负责人，每逢有新人入职都是他最忙的时候。因为有的新人缺乏对部门和公司相关规章制度的了解，总是来问他要一些资料。而这就影响了 WPS 君的工作，导致工作效率不佳，如图 15-5-1 所示。

图 15-5-1 新人需求

而如果 WPS 君使用 WPS"共享文件夹"功能，那么在成员加入后，成员便可以直接看到完整的共享知识库，可以省去很多麻烦。而且 WPS 君在共享文件夹中进行文档编辑、新增或删减等也会实时同步到共享知识库中，不同版本的文件不需要反复传来传去，其他人每次点开看到的就是最新的版本。

此外，WPS 君作为共享文件夹的创建者，还可以管理成员的权限（如设置管理员、允许编辑、仅查看、移除成员），以此确保共享文件夹中文件的安全，如图 15-5-2 所示。

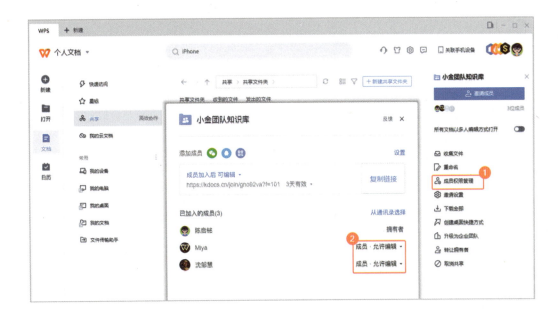

图 15-5-2　设置成员权限

具体操作步骤如下：

WPS 电脑版

1）打开 WPS，单击左侧导航栏中的"文档"按钮，在弹出的菜单中选择"共享"命令。

2）单击"新建共享文件夹"按钮，如图 15-5-3 所示。

3）单击"邀请成员"按钮，设置权限后，分享给成员即可，如图 15-5-4 所示。

图 15-5-3　新建共享文件夹

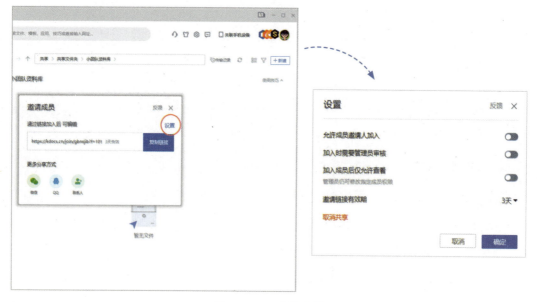

图 15-5-4　邀请成员

WPS 移动版

1）打开 WPS，单击首页的"共享"按钮，选择"新建共享文件夹"命令，如图 15-5-5 所示。

2）创建共享文件夹并邀请成员加入。

3）在共享文件夹页面中新建或者导入文件。

图 15-5-5　新建共享文件夹

第 16 章
更多云应用服务

1. 文件收集[1]

使用 WPS 中的"文件收集"功能可以高效完成文件的收集和整理。

轻松批量收集,自动规范命名

使用"文件收集"功能时,首先需要设置收集规则,比如标题、姓名、收集时间、存储路径,然后将生成的链接转发到群或指定好友,提交者们只要单击链接便可按照提示批量上传文件,如图 16-1-1 所示。

例如,设置收集标题的名称为"7 月工作报告",设置文件自动命名为可填写的"姓名",设置文档存储路径为"云文档/7 月工作报告/",提交者们单击收集链接后,便可选择文件提交并填写新名称作为文件名,如图 16-1-2 所示。

---

[1] 在微信公众号"WPS 学堂"中,回复数字"0051"可获取详细的视频教程。

第 16 章　更多云应用服务

图 16-1-1　设置收集规则

图 16-1-2　提交文件

提交完成后，存储路径便会显示提交者们的文件，并且文件名称会自动更改为提交者填写的"名称"，如图 16-1-3 所示。

图 16-1-3　文件名称更新

支持多种文件格式，保护隐私安全

WPS 中的"文件收集"功能支持提交常见的文档格式、图片格式、视频格式等，除了支持上传本地的文件，还支持提交 WPS 云空间文件。通过此方式提交的文件，只对提交者和发起者可见，不必担忧信息泄露。

具体操作步骤如下：

WPS 电脑版

打开 WPS，单击左侧导航栏的"文档"-"我的云服务"按钮。单击"文件收集"按钮，如图 16-1-4。

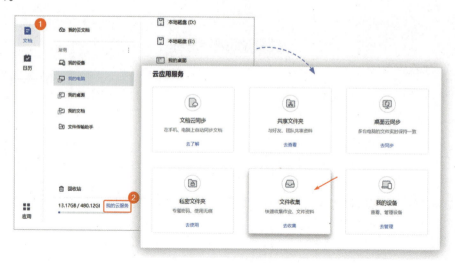

图 16-1-4　文件收集电脑版

WPS 移动版

打开 WPS，单击底栏的"应用"按钮，找到并单击"文件收集"按钮，如图 16-1-5 所示。

图 16-1-5　文件收集移动版

2. 桌面整理[1]

使用 WPS 中的"桌面整理"功能可以快速整理杂乱的电脑桌面，让整个桌面简洁、干净，文件放置更加清晰。

一键整理桌面文档

开启"桌面整理"功能后，WPS 会把桌面的文档根据应用、文件、文件夹 3 个类目自动归类到不同的格子内，让你的桌面一瞬间从杂乱变为整洁，如图 16-2-1 所示。

---

[1] 在微信公众号"WPS 学堂"中，回复数字"0052"可获取详细的视频教程

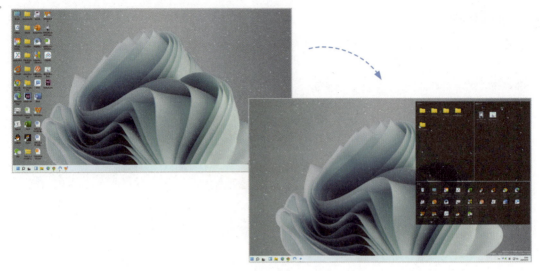

图 16-2-1 一键整理

该功能目前仅支持 WPS Windows 版,开启步骤如下:

打开 WPS,单击桌面右下方的 WPS 办公助手图标,在弹出的窗口中单击"桌面整理"按钮后,即可开启该功能,如图 16-2-2 所示。

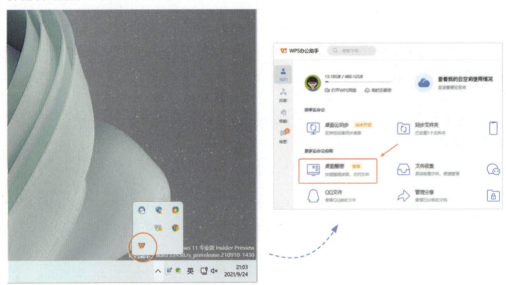

图 16-2-2 开启桌面整理

个性化创建分区整理文件

除了自动生成格子外,"桌面整理"功能还可以新建格子,在桌面上右击,在弹出的菜单中选择"WPS 桌面助手"-"新建格子"命令,如图 16-2-3 所示。另外,你还可以根据个人习惯命名不同的格子，放置不同类型的文件，同时可以调整格子大小、位置及颜色，格子内的文件也可以设置"查看"和"排序"方式，以便进行个性化的整理。

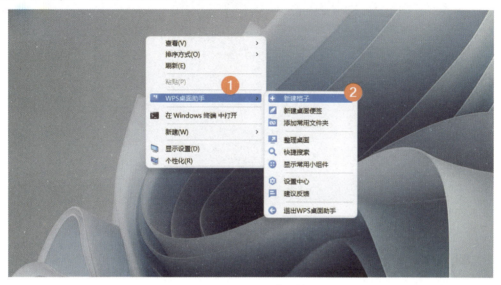

图 16-2-3　新建格子

值得一提的是，多个格子拖动后还可以进行叠加，共用一个格子空间。通过键盘上的 Tab 键进行切换，调整格子的大小，让桌面始终保持简洁，如图 16-2-4 所示。

图 16-2-4　格子叠加

添加日历小组件，快速查看近期安排

开启"桌面整理"功能后，还可以添加日历小组件，以便管理日程安排。添加完成后，便可显示最近 7 天安排的日程事项。无须打开 WPS，在电脑桌面上就能快速获取自己的日程安排，如图 16-2-5 所示。

图 16-2-5　日历小组件

在桌面上右击,在弹出的菜单中选择"WPS 桌面助手"-"显示常用小组件"命令,即可添加日历组件,如图 16-2-6 所示。

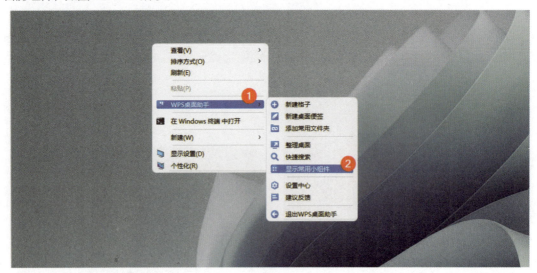

图 16-2-6　设置显示常用小组件

3. 私密文件夹

WPS 中的"私密文件夹"功能可以双重加密重要文件,让文件更安全,如图 16-3-1 所示。

图 16-3-1　私密文件夹

账号加密+密码加密双重认证

要打开"私密文件夹",不仅需要登录 WPS 账号,还需要输入私密文件夹的密码,只有经过双重加密认证后才能打开文件夹。如此一来,即便电脑/手机借给他人使用且 WPS 账号忘记退出,其他人也无法轻易查看私密文件夹内的所有内容。

支持多设备、多平台实时查看

传统的文件加密,一般只能在一台电脑或手机完成。如果临时需要在其他电脑或手机查看,则没办法实现。而 WPS 的"私密文件夹"功能支持多平台、多设备查看,同时也都保持双重加密,用户只有经过两层密码验证后才可以打开文件夹。

该功能支持 WPS Windows 版,并且需要 WPS 会员或超级会员,具体操作步骤如下:

打开 WPS,单击"文档"按钮,选择"我的云文档"-"私密文件夹"命令,即可开启"私密文件夹功能",如图 16-3-2 所示。

图 16-3-2　开启"私密文件夹"功能

第 17 章
移动办公

1. 基础办公

WPS 移动版是 WPS 针对手机使用场景研发的移动办公软件,它可以帮助你在手机上完成文字文稿、表格、演示文稿、PDF、金山海报、思维导图等多种格式文档的制作和编辑,如图 17-1-1 所示。

图 17-1-1　WPS 移动版

倘若你使用同一个账号登录 WPS 电脑版、WPS 移动版,并且都开启"文档云同步"功能,那么你不仅可以在手机查看电脑上的文档,还可以让手机创建的文档直接在电脑中显示,让文档处理不局限于电脑桌面,用手机也能处理。在 WPS 电脑版和 WPS 移动版中打开"文档云同步"功能,如图 17-1-2 所示。

WPS电脑版　　　　　　　　　　　　　　WPS移动版

图 17-1-2　文档云同步入口

2. 桌面小组件

感觉在手机中打开 WPS 移动版有些麻烦？没关系，你可以通过"小组件"功能，将快捷操作放在桌面上。比如使用"最近"小组件可以快速打开最近编辑的文档；使用"近期安排"小组件可以在桌面上查看近期事项安排；使用"新建文档"小组件可以一键在桌面创建文件等，如图 17-2-1 所示。

"最近"小组件　　　　　　"近期安排"小组件　　　　　　"新建文档"小组件

图 17-2-1　桌面小组件

具体操作步骤如下：

WPS iOS 版

将手机系统升级为 iOS 14 及以上，在 iOS 系统中 WPS 移动版需 10.16.0 版本及以上。

在手机桌面长按空白处，单击右上角的"+"按钮。在弹出的菜单中选择要添加的小组件，如图 17-2-2 所示。

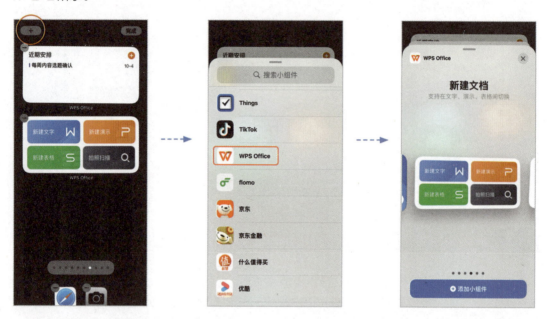

图 17-2-2　添加小组件 ios 版

注：如果长时间未使用 WPS，在苹果手机的小组件列表里可能会暂时不显示，需要重新打开 WPS 运行。

WPS 安卓版

在安卓系统中 WPS 移动版需 13.9 版本及以上。在手机桌面长按或双指捏合空白处，单击"添加工具/微件/小组件"按钮。在弹出的菜单中选择"WPS Office"命令，单击"窗口小工具"按钮即可选择小组件，如图 17-2-3 所示。

第 17 章　移动办公

图 17-2-3　添加小组件　安卓版

3. 拍照扫描

WPS 移动版利用手机的照相机特性，结合 AI 技术推出了"拍照扫描"功能（使用该功能需要开通 WPS 会员或超级会员）。你可以通过它拍下纸质文件的照片，然后扫描照片将其转换成电子文件，按照需求选择提取纯文字、转成文字文档或表格文档，如图 17-3-1 所示。

图 17-3-1　拍照扫描

具体操作步骤：打开 WPS 移动版，单击首页右下方的"+"按钮。单击"拍照扫描"按钮，选择拍摄或导入图片，如图 17-3-2 所示。

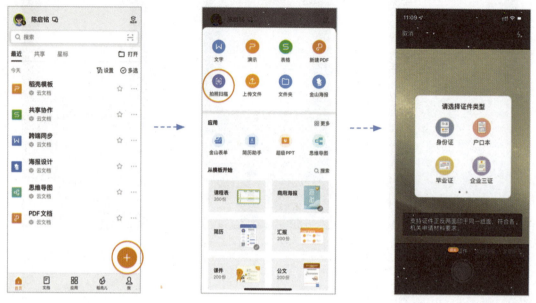

图 17-3-2　拍摄扫描入口

此外，当需要扫描证件时，还可以选择拍照扫描中的"证件"选项。WPS 提供了常用的证件类型扫描模板，只要按照提示步骤拍摄即可。如果担心证件信息泄漏，还可以使用"添加水印"功能为生成的扫描证件添加水印，以提升安全性。

4. 超级 PPT

我们用电脑制作 PPT 时会用到插入文本框、插入图片、文字排版等功能，但这些功能在屏幕尺寸较小的手机上操作时会十分不便。为此，WPS 移动版提供了"超级 PPT"功能，如图 17-4-1 所示。它可以让在手机上制作 PPT 变得像聊天打字一样简单。

只要完成封面页、目录页、正文页等页面版式的文本内容输入，WPS 便会自动完成排版，并且生成一份精美的 PPT。如果你对生成的效果不满意，还可以单击"PPT 美化"按钮生成更多样式的模板预览。

具体操作步骤：打开 WPS 移动版，单击首页右下方的"+"按钮。单击"超级 PPT"按钮，即可开始制作 PPT，如图 17-4-2 所示。

第 17 章 移动办公

图 17-4-1 "超级 PPT" 功能

图 17-4-2 超级 PPT 入口

5. PDF 标注、转换

PDF 格式是我们在工作中常用的文档格式，WPS 移动版也为此做了许多功能优化。比如在阅读 PDF 文档时，WPS 移动版可以支持"批注、高亮"等标注功能，而且在安卓系统中还支持"一键导出标注内容"功能，方便你进行笔记整理。单击工具栏的"标注"—"高亮"按钮，然后在文档中选择文本，如图 17-5-1 所示。

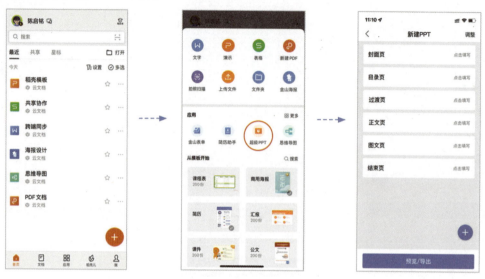

图 17-5-1　PDF 标注功能

当需要将 PDF 文档转换为其他格式的文档时，可以使用一键转换功能。单击工具栏的"PDF 转换"按钮，然后选择需要转换的文档类型（使用该功能需要开通 WPS 会员或超级会员），如图 17-5-2 所示。

图 17-5-2　PDF 转换功能

6. 文档投影

出差临时需要讲 PPT，但没有带电脑？重要的演讲时刻，投屏设备插线没有反应？这时只需掏出手机，用 WPS 移动版的"文档投影"功能即可解决，如图 17-6-1 所示。

图 17-6-1　文档投影

WPS 中的"文档投影"功能支持多种投屏方式。iOS 系统的手机与大屏幕连接同一 Wi-Fi 时，即可进行无线投影。安卓系统的手机则需安装"投影宝"后，扫一扫电视上的二维码，选择要投影的文档即可进入投影。

具体操作步骤：在 WPS 移动版中打开需要投影的文档。单击底部工具栏中的"工具"按钮，选择"文件"-"投影"命令，然后按照提示设置即可，如图 17-6-2 所示。

图 17-6-2　设置文档投影

在演讲过程中，你还可以通过单击界面右下角的"激光笔"图标，圈重点。此外，在投影过程中微信通知等消息弹窗不会被投影在大屏幕上，保护了个人隐私。

7. 语音转文字

当在颠簸的通勤途中突然有了灵感、睡前躺在床上突然有了方案解决思路时，你就可以用 WPS 移动版的"语音转文字"功能了，用语音快速记下稍纵即逝的灵感火花，程序会自动将其转为文字，输出为文档格式。

具体操作步骤：打开 WPS 移动版，新建一份文档。在底部工具栏中，单击"语音转文字"按钮，在"语言"选项中选择录入的语言为"中文"并开始录制，如图 17-7-1 所示。

图 17-7-1　语音转文字

8. 微信文件备份

当在手机微信上查找历史收发的文件时，你是否遇到过打开文件后提示"已过期或被清理"（图 17-8-1）的情况吗？若是急需的文件，又遇到这种情况，那么会让人很沮丧。

图 17-8-1　文件过期提醒

对此，建议大家使用 WPS 移动版中的"上传文件"功能，养成文件备份的好习惯，随时进行文件备份。

具体操作步骤：打开 WPS 移动版，单击首页右下方的"+"按钮。单击"上传文件"-"微信文件"按钮。在对应的群聊或好友聊天中选择需要备份的文件，完成上传，如图 17-8-2 所示。

图 17-8-2　上传文件

9. 输出为图片

当遇到需要在手机上分享长文章的情况时，我们可以不用手动截取长图，而是使用 WPS 中的"输出为图片"功能，将文档、表格、PPT、PDF 这 4 种格式的文件导出为图片。

具体操作步骤：在 WPS 移动版中打开所需文档。单击底部的"工具"按钮，选择"文件"-"输出为图片"命令，选择需要输出为图片的文档，单击"下一步"按钮，如图 17-9-1 所示。

此外，你还可以设置各种主题样式、底部签名、自定义水印等，让输出的图片更精美，更方便我们分享到社交媒体或传阅给他人，如图 17-9-2 所示。

图 17-9-1　输出为图片

图 17-9-2　自定义主题、自定义水印

　　如果只是想对部分内容进行分享，那么还可以使用"逐页输出为图片"功能，将文档中的指定页面输出为图片，轻松完成对部分内容的分享。